U0118322

通識・消費
飲食・時尚・新媒體 II

陳政成　姚偉雄 聯編

永念 徐艷（一九八〇—二〇〇八）

上一輯《通識‧消費》的讀者，我們的好朋友

前言
陳政成

行街看戲、吃喝玩樂，
消費再不是甚麼有形的商品。
消費要與媒體及空間配合：
年青人講求有型有feel；
上年紀的人講求服務的一份情意和懷舊。

空閒的配置看來很重要。
年青人受日本動漫薰陶的一代，
衣著要時尚，潮物要膜拜，
新型商場正迎合他們；
年長一輩，市井中找自我一隅，
地踎格局，歎港式奶茶，
或蝦餃燒賣，和茶客伙計聊聊，
來過偷得浮生半日閒。

我們這班看日本動漫、
日劇長大的年輕人，追求潮物，
眾裏尋他千百度，
衍生許多週邊消費——電玩機鋪、
日潮雜誌和漫畫書屋。
一到週日，年輕人到商場各自朝拜，樂此不疲。

新媒體創造新消費群。
手機搞 canton-pop 鈴聲下載，
cosplay 扮演漫畫人物，
遊戲機中心推出最新最潮的機動遊戲，
但具創意的消費內容，
能否激勵到港人的創意培育？
本書的考察個案只是一個起始點，
尚有許多地方留待讀者深思、探索。

1. 導論篇

第一章	創意，其實消費？	陳政成	P.9
第二章	創意的誤解與誤用	陳政成	P.17
第三章	創意的發揮、配合和條件	陳政成	P.23

2. 飲食文化

第四章	長江後浪推前浪 — 板前壽司的新風格和新口味	麥雪雯	P.35
第五章	茶餐廳文化 — 俗民影象與集體回憶	梁頌合	P.41
第六章	港式飲茶文化 — 分異與比較	吳敏婷	P.47
第七章	朱古力的品牌消費	郭家怡	P.55

3. 時尚與身體消費

第八章	解構《Milk》— 哈日、時尚、消費	漆朗謙	P.65
第九章	選美 — 男女身體的商業考量	何瑞希	P.73
第十章	中性美的興起與肌肉健美的衰落：從《香港先生》到《加油！好男兒》看中國社會男性形象的變遷	簡潔瀅	P.81
第十一章	男人的身體，女人的符號：日本美少年的「鏡像」與消費	姚偉雄	P.89
第十二章	從「可愛」到「可欲」—日本「美女經濟」與香港文化之互動 (上)	姚偉雄	P.105
第十三章	從「可愛」到「可欲」—日本「美女經濟」與香港文化之互動 (下)	姚偉雄	P.117

4. 新媒體

第十四章	流行電話供應商之風格文化	陳偉杰	P.137
第十五章	符號消費 — 比較 Smartone 和 One2Free 的廣告策略及其文化	周聖峰	P.145
第十六章	遊戲機中心的市場與玩家的心態分析	陳芷薇	P.153

鳴謝

消費文化現象眾多，再博學亦難全部拿捏。所以本作能夠完工、面世，有賴一眾好友提供資料與意見，傾力支持。筆者原本對日本美少年文化不太熟悉，幸有「松本靜」與「南瓜阿翎子」(化名) 接受深入訪談。「松本靜」為筆者提供有關美少年漫畫、小說以至藝能界的偶像文化的豐富參考資料。「南瓜阿翎子」為筆者具體講解美少年漫畫、同人誌創作、以及漫畫迷互動的狀況。「塵沙沙」(筆名) 讓筆者了解美少年文化在香港的發展狀況；此外，本作能刊登她的一幅 cosplay 照片，實在生色不少。在此筆者對三位好友、還有許多未有提及的朋友，衷心致謝，不勝銘感。

導論篇

第一章。

創意，其實消費？

陳政成

創意，其實消費？

自從《通識‧消費：大學生文化考察個案》面世以來，我們兩位編者時刻不停討論匯編學生消費報告的教學價值。除了替通識科老師作教材備課的參考範本外，還要對通識教學當時的社會情境深入了解，討論、批評，是必不可少的切入點。我們倡導時代精神：對當今的歷史和社會議論熱切關注，廣開言路，兼聽異見，但同時不失自我反息和批判。[1]

本書可視為《通識‧消費：大學生文化考察個案》[2] 的延續篇，我們兩位編者不約而同探討同一命題：自香港九七後經濟下滑，打破終身僱用的神話，而金融、資訊科技泡沫爆破前，專上教育好像應付當時人材的需要，跟紅頂白。當時特區政府以民政事務局局長何志平為首，參考英國培育文化產業的做法，鼓勵市民用自己的新意念，藝術創作，市集文化和古物保育，振興本土經濟。[3] 編者之一的姚偉雄著書分析個人的潮流 figure 玩具創作，怎樣成功開拓海外，除了適應潮物的市場快速變化，打響個人名堂之外，還有一批創作者共同參與，製造出成行成市的擴散現象。[4] 自1999年特區政府開始定立文化產業培育的政策方針，至2008年7月特區立法會正式通過《西九龍文化區管理局條例草案》，香港人視文化產業為另類商機。但到底甚麼是創意，與消費的關係如何？

筆者嘗試挑戰一般大眾對創意和消費的了解，藉此拋磚引玉，不妨借威廉斯 (Raymond Williams)《關鍵詞》節譯：

消費者 (consumer)

字源：拉丁文 comsumere —— 全部拿取、吞噬、棄置、使用。在差不多所有早期英語使用中，consume 有令人不取悅的意思；它意指破壞、用完、廢棄、耗盡。[5]

商業廣告的發展 (說服消費者，或市場滲透) 和當時資本主義階段相關：(消費者) 的需要和慾求透過特別的方式滿足它們，有別於早期廣告衹標示商品供應那種功能。消費者…從生產商創造和中介機構創造出來。消費者引申…用盡生產者所生產的東西，而消費者一詞建立於消費自主 (如這個令人好奇的詞——消費選擇)。[6]

創意 (creative)

以現代英語來說，創意泛指原創 (original) 和創新 (innovating)，同時帶有多產 (productive) 這個特別的、相關的意義。[7]

英語 create 來自拉丁語字根 creare —— 意即創造或製造…創造 (creation) 本身，和創造物 (creature) 同一字根。還有，基於同一信仰道統，聖奧古斯丁 (St. Augustine) 堅稱 creatura non potest creare —— 創造物不能自我創造。這種信念及其背景一直延伸到十六世紀，意義再延伸至此在和未來的創造，亦即是人的創造，成為西方思潮更替的一部份，亦即是文藝復興和人文主義。[8]

十八世紀起，英語 creative 一詞命名，其用法指涉充分證明人的創造能力，期待其付諸完事的創作行動，得到普遍認受，而不需以過往神蹟作參考…[9] 這樣具決定性發展，把藝術和思想扣在一起，成為有意識和既定俗成關聯。[10]

再者，當英語 creative 某程度上變成人們掛著口邊的濫語時，詞彙本身所強調的創造和創新意味變得更困難，而令人想不通。這種（用語）的困難，和相關的，英語「想象」(imagination)一詞的運用，同出一徹。想象的意義和作夢和幻想有關，不需對創意或想象藝術有甚麼聯系。另一方面，想象可作延伸、創新、遠見的解釋，具有實用的引申外，還有創作和創意活動的顯性描述。[11]

威廉斯對消費者和創意兩詞考正，正好挑戰一般人的消費概念：創意為消費者帶來新的產品，創造新的就業，帶來消費者嶄新的消費體驗。威廉斯的詞意考據，筆者把其消費者和創意之間的詞意共通點指出來，有助釐清創意在消費文化中的作用。

　　其一、最顯而易見的是兩者的意義，兼涵蓋人類的生產活動。消費者的生產活動，往往以產品的市場活動，或馬克斯所說的交換價值所指導，一切產品外觀設計、包裝、圖象設計、甚至品牌打造等，皆市場導向。正如威廉斯所說，商業廣告歸於生產者和中介機構指揮，塑造特定消費群的需要和慾求。反之，創意的背後價值基於人從神的依賴尋找人的價值，亦所謂西方人文精神。自文藝復興開始，工匠和音樂師擁有卓越的工藝和才華，不屑贊助他們皇宮貴冑的低俗品味，謀求各種方式，務求不受制他們僱主的喜好，貶低自己的藝術創作和鑑賞標準。[12] 德國社會學家麥斯‧韋伯 (Max Weber) 胞弟亞弗烈‧韋伯 (Alfred Weber) 堅持藝術文化的領域，有別於文明的洪流，其大意在於藝術創作自主，不受贊助者的品味所左右，創作和表達當時人文價值和精神面貌。[13] 換句話說，藝術鑑賞建立一個獨立的制度，使其標準不受商品價值所操控。亞弗烈‧韋伯經常和兄嫂瑪麗安娜‧韋伯 (Marianne Weber，麥斯‧韋伯之妻)，經常在他們大宅舉辦文化沙龍，辯論藝術和文化價值。儘管文化沙龍具有精英意味，但文化沙龍作為公眾活動的出現，肯定這班精英作出公共知識份子的義務，推動藝術創作，和提高公眾對藝術創作的鑑賞和審美的思辯能力。今天政府巨資資助藝術團體，或私人機構捐獻贊助，政府贊助藝術和支持藝術教育是公民權利，其實延續自十九世紀末歐洲和美國培養公民修養的精神。[14]

　　其二、消費者現今介人藝術領域，往往亞弗烈‧韋伯那一輩不願意看到——藝術商品化，侵蝕藝術審美的文化領域。藝術商品化有以下形態：(1) 藝術珍品，天價拍賣，價高者得。投得者不一定對拍賣品的藝術價值有所認識，只可能抱炫耀心態，或當投資。香港富豪劉鑾雄在約紐投得安迪‧沃可 (Andy Warhol) 《毛澤東》畫像，作價1760萬美元[15]，2007年5月，大陸畫家丘敏君一幅畫〈畫家和他的朋友們〉在香港拍賣，成交價為300萬美元。[16] 可惜，坊間和網上的資料，對丘敏君作畫的評價所知甚少。(2) 公眾藝術的展覽和普及，變成代表中產或專業人士，以他們在政府資助的美術館看過

當代藝術的圖形和圖象，變成象徵意義，代表自己的階層和相對應的藝術品評；而產品的設計和構思，利用這些圖形和圖象重構，重現這班中產或專業人士的美學體驗，從封建制度的皇室貴冑所壟斷的美學品評解放出來，變成大眾生活可接觸商品的附加美感，向這批人士行銷。英國學者費特斯東 (Mike Featherstone) 總覽這些現象，名為日常生活美學化，實際與威廉斯對消費者的考正同出一徹。[17]

藝術商品化令許多學者嗤之以鼻的地方，在於市場的交易功能和交易中的藝術品沒有關係，甚至其交易的價值蓋過藝術價值。有藝術造詣的理論家更對藝術商品化極力批評。曾隨荀白克 (Arnold Schoenberg) 作曲的法蘭克福學派創始人之一亞多諾 (Theodor W. Adorno)，批評大量生產硬件的文化工業，其生產硬件相似和單調抹殺創意。[18] 善於攝影的布希亞 (Jean Baudrillard)，[19] 他用揶揄的口吻指出，商業化壟略全世界，把所有物件俘虜，變成商品的命運。商業化所常來的美學形式，變成大都會的景觀，幻化成影像，和商品符號的構成 (例：品牌)。[20]

其三、文化產業把創意和消費聯繫起來，到底創意為了威廉斯對消費那種破壞、用完、廢棄、耗盡，或者為了消費而創作，正如設計師不分晝夜工作？創作也許是消費的前置詞，為了創作，不惜去舊立新。香港文化人陳冠中，住在北京七年有多，慨歎北京一幢幢四合院拆了，重蓋高樓大廈。[21] 馬克斯 (Karl Marx) 所謂的勞力異化 (alienation)，付出勞力不是為了創造，而是為了消費。[22] 更苦惱的是，威廉斯所說創意涵蓋創作與幻想兩個層面，是否在日常用語清淅地分野？創意是否衹是紙上談兵？下一章筆者談談創意的一些誤解和誤用，而第三章將討論創意的發揮、配合和條件。

[1] 比起黑格爾 (Georg Wilheim Friedrich Hegel) 説歷史主體介入當時的國家、文化、文明的時代精神 (Zeitgeist)，筆者所説的時代精神，重點從自身的歷史經驗出發，有別於黑格爾歷史主體和客體間之辯證探討。見 Stephen Houlgate ed. (1998), *The Hegel Reader*, Oxford: Blackwell, pp. 400-4.

[2] 陳政成、姚偉雄聯編 (2008)，《通識‧消費：大學生文化考察個案》，香港，光出版。

[3] 見何志平、陳雲根 (2008)，《文化政策與香港傳承》，香港：中華書局。

[4] 呂大樂、姚偉雄 (2005)，《玩具大不同 — 原創玩具與創意工業的社會學觀察》，香港：MCCM Creations。創意的意念和產品在市場中的擴散，文化產業的拓展，需要意念和產品概念的新穎和原創外，同時涉及該意念和產品概念是否在當時社會制度和大眾的價值判斷下，被廣泛接納或拒絕。故此，一類的創意 (creativity) 或創新 (innovation) 接受與否，視乎當時社會的背景，容許模仿和擴散。詳文請參閱 Gabriel Tarde (1903), *The Laws of Imitation*, translated by Elsie Clews Parsons, New York: Henry Holt; Everett Rogers (1995), *Diffusion of Innovations* (4th ed.), New York: Free Press.

筆者按：創意泛指新的意念，指導各類藝術、設計、書寫等活動，不一定以經濟活動為首要目的；創新泛指把新意念付諸技術應用、生產和企業，把創意應用各類經濟行為。

[5] Raymond Williams (1983), *Keywords: A Vocabulary of Culture and Society*, London: Fortana, p. 78. 筆者譯。

[6] 同註 (4)，p. 79。筆者譯。

[7] 同註 (4)，p. 83。筆者譯。

[8] 同上。筆者譯。

[9] 同上。筆者譯。

[10] 同註 (4)，p. 84。筆者譯。

[11] 同上。筆者譯。

[12] 文藝復興時代偉大工藝大師卓爾尼 (Benvenuto Cellini) 忠於自己的工藝和沽金技術，不惜和教王和樞機爭議，甚至討價還價。請參閱 Richard Sennett (2008), *The Craftsmen,* London: Allen Lane, pp. 68-71; 莫扎特和其僱主薩爾茲堡大主教翻臉，源自莫扎特在首都維也納人氣上升，其聲望大於主子，惹來嫉妒。請參閱Norbert Elias (1993), *Mozart: Portrait of a Genius*, translated by Edmund Jephcott, Cambridge: Polity Press, pp. 111-12.

[13] Alfred Weber (1935), *Kulturgeschichte Als Kultursoziologie*, Lenden: Sijthoff. Cf. Alfred Weber (1998) "Civilization and Culture — A Synthesis," in John Rundell and Stephen Mennell (eds.), *Classical Readings in Culture and Civilization*, London: Routledge, pp. 212-3.

[14] 見註 (3)，頁136至143，158至164及199至205。

[15] 88DB 香港－「波普藝術大師Andy Warhol香港展覽」，http://hk.88db.com/hk/Knowledge/Knowledge_Detail.page/Personal_Community/?kid=16353。瀏覽於 2008-7-7。

[16] BLOGAZINE-HK－「價值連城的展覽」，http://blogazine-hk.com/hk/?p=385。瀏覽於 2008-7-7。

[17] Mike Featherstone (1991), *Consumer Culture and Postmodernism*, London: Sage, pp. 70-2 & 85.

[18] Max Horkheimer and Theodor W. Adorno (2002), "The cultural industry: Enlightenment as mass deception, in Gunzelin Schmid Noerr (ed.), *Dialectic of Enlightenment: Philosophical Fragments*, translated by Edmund Jephcott, Stanford, California: Stanford University Press, pp. 94-136.

[19] Jean Baudrillard (1999), *Photographs 1994-1998*, Graz: Hatje Cantz Publishers.

[20] Jean Baudrillard (1994), *The Transparency of Evil*, London: Sage, p. 16.

[21] 〈尋找沙漠中的綠洲〉，《明報》，2008-7-23。

[22] Karl Marx, *Capital Vol. 1*, London: Penguin Books, p. 718.

第二章。

創意誤解和誤用

陳政成

創意的誤解與誤用

筆者聆聽一個創意工業和教育的論壇，[1] 講者之一胡恩威批評香港大學生創意，只依導師的標準答案創作，只求高分數，不會追求一些另類答案，甚至上課遲到，説點認真也不是，失去自我紀律，台下聽講者亦表示應同。

胡恩威接著説文化產業經濟是創作者主導，創作者賦予創作的價值，筆者則不敢苟同。一件創作的廣泛流傳，按當時的社會狀況決定。文化學者陳少紅指出，任劍輝女扮男裝，無人不曉；張國榮中性打扮，卻引來公眾非議。[2] 創意的普及和實踐與否，視乎當時的社會價值和制度有否對某類創意接受或制約，有沒有和主流相忤。建立創意的個人名聲是一門高風險、急功近利的行業。

誠然，筆者在大專教學多年，胡恩威的觀察實在不庸置疑。香港這個功利於業績和考核的社會，創意這一類活動，其純粹審美和漫無特定目的性質，令家長輕視美育的價值，把創作等同美勞，或符合某些「名校」小學和幼稚園的入學要求。繁重的公開試，學生多快好省記下標準答案考試，自然沒有思考課程以外的問題。小朋友拉小提琴曲子，有板有眼；給人家問曲子有怎樣感受，卻不知如何説起。創意誤解和誤用，往往家長 (1) 以創意單純為經濟服務的心態，和 (2) 只理會藝術和創意的顯性，而不探究，討論其來源，了解創作意念，聆聽人家的批評。

好了，修讀創意有關的學科，只為「做好呢份工」，未想清楚公眾對創意誤解和誤用，到頭來莫説後悔。以下筆者詳説一些誤解，以正視聽：

其一、創意涉及創作技巧和工藝等元素，是訣竅，從日常經驗，不斷探索累積而成。創意不是「拿足分數」，而是以年資計算，個人的工藝和創作水準作公認。香港人急功近利，甚麼長時期付出的工作都不願做，正如中國一個工藝級雕塑家，平均花至少十年時間學藝。本書所錄「板前壽司」創辦人鄭威濤先生，當在日本學習壽司訣竅十餘年，還曾因做得不對，而給師傅大罵。[3] 日本號稱「工藝社會」，年輕人考不上大學，家長接受子女攻一門手藝，奉陶藝大師為國寶，開家政大學，甚至小伙子修身養性，跟老師傅學煮拉麵、捏壽司，期望自己滿師，養活自己。筆者到香港髮型屋理髮，閱到日本潮人理髮雜誌，內容包括具細無遺的剪髮訣竅，叫筆者動容。香港人除了帶著倦容課外進修，拿學歷和文憑，可否想到有本地壽司學徒會到日本深造？

其二、一般人把設計、廣告視為創意專業，與社區提供創意解難、以自我的藝術方式滲入社區和商業活動區別。本書第四章及第七章提及的板前壽司和 GODIVA 朱古力，其品牌打造和室內設計涉及許多設計和廣告。名設計師打造自己個人風格，正如 Philippe Starck 設計三爪不鏽鋼大頭手動搾橙汁器，表現美學，多於實用。有英國學者說，這種設計是自我表述，謂 Starck 為設計英雄 (design hero)。實在與設計裡頭的社會意義是什麼？[4] 設計師打造強烈自我風格之餘，可否想過創意的社會影響力，關鍵在於社會人士對該項創意的接受、推廣和傳播。設計師打造自己成萬人迷，以星魅作有效力的推銷，亦無可厚非。問題是星魅效應只可曇花一現。創意需要延續，才可衍生規模和變成行成市的生意。本書第五章講述香港茶餐廳歷史和生意擴展模式，並指出仿傚外來食品，和市井日常生活之間的扣連，成為香港社會史的集體記憶，和創作人的意念泉源。考察報告還指出，街角一隅的老字號茶餐廳和大集團的茶餐廳樓面服務，往往保存茶餐廳的風味，令人有賓至如歸的感受。以傳銷學的說法，這是一種體驗消費。[5] 創意的推廣，往往要洞悉當時社會環境和型態，才能構成助力。正如第六章談到的舊區茶樓和新式連鎖經營的茶樓的研究，大量投資在裝修、廣告、品牌形象等，投射懷舊的感覺，但舊區茶樓依然有一班老街坊捧場客。換句話說，創意在行業推陳出新的條件下，發揮擴散的作用。

其三、香港創意教育的桎梏，最關鍵的地方是創意是被歸類特殊職業的技能進修，除了香港理工大學頒授設計學位外，家長大多數認為設計是次於學位的職訓。更嚴峻的是香港的全盤教育政策和公眾認受，傾軌於專業技能教育，文、哲、史，甚至國畫鑑賞，視之為「唔等使」閒科，難以談及甚麼美育和人文素質教育。時事評論專欄作家健吾，指香港家長把子女的時間填得密麻麻，子

女晉考英國皇家音樂學院八級鋼琴考試，但李雲迪來港獨奏，奏曲還未彈完，觀眾衝上前獻花。家長要子女學琴，背後履歷主義作祟，有幾多人了解舒伯特 (Franz Schubert) 的「粉紅色」熱情？筆者舉一反三，布拉姆斯 (Johannes Brahms) 年輕時悼亡師舒曼 (Robert Schuman)，[6] 傾慕暗戀師母克拉・舒曼 (Clara Schuman)，便作了第一鋼琴協奏曲；[7] 馬勒 (Gustav Mahler) 用李白《悲歌行》，以及王維《送別》的德文譯本，分別譜出《大地之歌》(*Das Lied von der Erde*) 第一首及末首，以治亡女之痛。[8] 港人音樂會中「出洋相」，往往反映人文素質不濟，甚至有人用音樂會抬高自己的妒嫉心態。[9] 筆者先前說開的創意工業和教育的論壇，有資深的電影創作人指出，她不要香港的文字工作者，劇本創作編審交由文藝氣色強的台灣人負責。曾幾何時香港大力倡議全盤文化產業政策，卻沒有自知之明，如今尾大不掉。

其四、香港已有文化媒介產業，卻往往以販賣的心態，亦所謂「拿來主義」，把本地時興的東西購回來，比如電視台購日劇，或足球隊請外援。本書內闡述的遊戲機中心、日本潮流雜誌、選美、美女經濟產品和美少年動漫，間接產生哈日風；然而人們並不重視本地創作和人才培養。觀眾也許記得不少本地製作劇集，或整蠱明星的遊戲節目，橋段都拷貝自日本。本地一直潮拜哈日風，可是2008年日本國際漫畫大賞是頒給繪畫《百份百感覺》的本地漫畫家劉雲傑。本地創作不受重視，人家卻視之如寶，到底是否長人家志氣，滅自己威風？或是快、好、省的「拿來主義」作祟？

其五、國人傲視少年得志、一舉成名的藝術的天才，除了「中國人的驕傲」之外，是否忘記了藝術造詣是經年累月的互相砥礪？西方藝術界沒有天才神童的偏好，而香港某大學收錄九歲神童入學，除軒起一場公共爭議外，事件亦投射父母的光宗耀祖的心態。伊里雅斯 (Norbert Elias) 指出，莫扎特以神童自居，但自感孤僻，往往要求他人的認同，不斷辛勤工作，直至英年早逝。[10] 西方藝術和學術界不乏大器晚成的例子，包括建築家嘉里 (Frank Gehry)、鋼琴家甘夫爾 (Wilhelm Kempff) 等，研究當代社會的伊里雅斯 (Norbert Elias) 和鮑曼 (Zygmunt Bauman)，都是年過半百，才有所成。家長望子成龍、急功近利，連香港特區政府也急不及待接納郎朗和李雲迪的專才申請，成為香港永久居民。但這些所為對香港提昇藝術教育和公眾鑑賞藝術水平，能否產生貢獻？君不見上一世紀文

化大革命，傅雷遞家書給身在遠方的傅聰，切磋鋼琴演奏技法。[11] 1966年9月，傅雷表明「士可殺、不可辱」於紅衛兵腳下，服毒而亡，其夫人朱梅馥自縊，《傅雷家書》編滙成最後遺作；國內劉詩昆被江青批鬥，下了六年獄，為了岳父葉劍英不被牽連，甚至和妻子離婚。1990年，劉氏來港定居，開班授徒。[12] 傅、劉兩人擁抱鋼琴演奏，至死不渝。子女演奏鋼琴，是否擁抱藝術終身，還是家長怕丟面子，在群眾壓力下督促子女學琴？也許不少學子受教劉老師門下，考英國皇家音樂學院八級鋼琴考試，但家長的功利主義，和人家對藝術的終身握抱和堅持，是否同床異夢？恐健吾所描述的香港家長，實不遠及傅雷矣！

近日官辦設計學院和民間的創意學院，設計一系列跨學科，供有志投身創意行業的人士進修。問題是，香港發揮創意空間有多遠，創意教育是否擺脫狹窄的特殊職業的技能進修的框子？家長的功利心態能否改變？下一章探討創意的發揮、配合和條件，希望香港日後可避免「瞎子摸象」的創意保育政策。

註釋

[1] Forum on "Creative Industries to Creative Economy: The Role of Education", held by Hong Kong Design Centre, 2008-7-11.

[2] 洛楓（陳少紅）(2002)，《盛世邊緣：香港電影的性別、特技與九七政治》，香港：牛津，頁9至42。

[3] 《U Magazine》，第112期，2008-1-18，頁7至9。

[4] Guy Julier (2000), *The Culture of Design*, London: Sage, pp. 79-80.

[5] B. Joseph Pine II 和 James Gilmore 著 (1999/2003)，夏業良、魯煒譯，《體驗經濟時代》，台北：經濟新潮社。

[6] 健吾，＜家長有罪＞，《明報》，2008-6-23; ＜怪物父母＞，《明報》，2008-8-30。

[7] Piano cencerto No.1 (Brahns) - Wikipedia, http://en.wikipedia.org/wiki/Piano_Concerto_No._1_(Brahms). Accessed on 2008-8-29。

[8] 余少華，《大地之歌》唐詩以外之句，http://gbcode.rthk.org.hk/b5i/rthk27.rthk.org.hk/php/leetm2/message.php?forum_id=3&topic_id=222&page_no=12&subpage_no=5&order=asc&suborder=desc。瀏覽於 2008-8-29。

[9] 西方中產階級的個體形象，在第一次世界大戰後產生互相競爭、互相妒嫉的心理。見 Max Scheler (1972), Ressentiment, edited by Lewis A. Coser, translated by William W. Holdheim, New York: Schocken.

[10] Norbert Elias (1993), *Mozart: Portrait of a Genius*, translated by Edmund Jephcott, Cambridge: Polity Press, pp. 4-5; cf. Wolfgang Hildesheimer (1983), *Mozart*, translated by Marion Faber, Toronto: Harper Collins, p. 355.

[11] 傅雷 (1984)，《傅雷家書》，香港：三聯。

[12] 劉榮，「劉詩昆：比渣滓洞還殘酷──"文化大革命"時期的中國監獄」。http://diary.wenxuecity.com/diary.php?c_lang=gb2312&currdate=200808&pid=39323&page=1&&c_lang=big5。瀏覽於2008-9-11。

第三章。

創意的發揮、
配合和條件

陳政成

㊢港文化產業在上世紀大放異彩：唐滌生、任、白的粵曲，邵氏的宮闈和武打片，新浪潮電影，許冠傑的廣東歌，本地漫畫，王家衛，以及港產玩具創作 figures，誰敢說香港人沒有創意？大眾對香港的創意工業，往往以「拿來主義」作主導，事事要成本效益計算，漠視一些有潛質的創作，例如一些本地網絡歌手。

媒體企業捕風捉影，買當時得令的潮流媒體版權，娛樂大眾，而不是像英國廣播公司 (British Broadcasting Corporation) 那樣，教育大眾，提高藝術的認知和品味。縱使英國有狗仔隊，國民在政見評論和文藝教育有一定的水平。[1] 反觀香港，電視媒體只製作新聞，肥皂劇，或年輕男女的旅遊節目，其餘是買國內或外國製作節目，教育大眾的任務則交由香港電台負責。可是，香港電台節目佔總體電視時段一個很少百份比。這種惡性循環，電視媒體沒有需要提高觀眾口味，以維持成本效益；觀眾持英語所謂的「let-go」心態，喜歡便看，不喜歡便關機，造成節目水準不能提高的惡性循環。教育以考試成績作準，學生要求標準答案，媒體只要觀眾把節目照單全收，試問怎樣培養創意？有香港設計學者製造異類設計品，在街頭給途人實驗使用，但落得緣木求魚 —— 途人失了興趣，或失卻耐性，或沒有時間去了解。[2]

消費大於個人洞察、思考、品評、創作，正是令香港文化產業內容枯竭的主導誘因。

要消費和創意取得平衡，並不是很容易。鮑曼 (Zygmunt Bauman) 指出藝術要了滲入管理、消費，是必要之惡。藝術挑戰某類社會尺度，和管理的理性程序、遵循，有著不可分割的衝突。[3] 藝術的自由創作意志和自我表達（或個人風格、個性），借用市場推廣，但臣服於即時消費、即時快感、即時利潤的市場價值偏好。[4] 安迪・沃可

(Andy Warhol) 複製金寶湯的廣告映像，正好突顯和仿諷 (parody) 藝術和商業價值的矛盾。

故此，鮑曼指出，藝術創作的傳承取決於兩大要素。其一、藝術是不斷改進，臻善完美，正正和藝術管理和事事要即時消費相互衝突，尋求妥協；[5] 其二、藝術鑑賞要求鑑賞者明察秋毫、想象和洞見，鑑賞者的教育水平和審美能力有一定水準才成。鮑曼憶述他走過阿姆斯特丹的藝術博物館，影像播放最終顯示水桶地拖擱在牆角上，清潔工人正在用下午茶，其他的物件則走出視覺以外。影象的流動，引發鮑曼想像物件和廢物的對換關係。[6] 更深一層，布希亞 (Jean Baudrillard) 在其攝影集序言指出，他的攝影被人指為「壞男孩」(enfant terrible)，因為照片總是收集見不到或一瞬即逝的恐怖事實。[7] 藝術的鑑賞開拓觀賞者眼界，看到悲慘世界和社會不公義，提升觀賞的層次。

從日常生活的事例，悟出背後道理來，這一種聯想超於視覺和聽覺的快感，亦所謂審美探索人性的善與真，超越藝術本身市場價值。亞理斯多德所説悲劇的形式高於喜劇，往往在劇情中探索人的善與惡，悲與喜，作為指導人的行動，賦予社會意義。[8] 伊帕底斯王 (Oedipus Rex) 兒子弒父取母，愛慾與仇恨的情意結；哈姆雷特拿著骷髏頭，面對復仇與死亡之間的猶豫。更有甚者，王爾德 (Oscar Wild) 改編聖經故事，筆下希律王女兒莎樂美 (Salome)，報復拒愛，堅持忠貞的約翰洗者 (John the Baptist)，跳七重紗脫衣舞，討好希律王，把約翰洗者殺死。後來希律王發現莎樂美攬著約翰洗者的頭顱，淫溺於生慾與死慾之間，希律王大驚，日後莎樂美會否用此對付他，便乾脆地把喪心病狂的莎樂美殺死了。[9] 本地例子？當然有。唐滌生《帝女花》最後一幕，「落花滿天蔽月光」，本來花好月圓，周世顯和長平公主可圓滿收場，奈何清兵入關，俘虜崇禎皇帝。「落花」在中國詩詞，有悲愁之意。[10] 落花蔽月，淒厲之美。試想不識中國文學歷史，怎樣明白唐滌生筆下人物的悲劇和淒咽？鮑曼指出，消費強調即時性、現在式，使人忘了歷史，引申出消費中創意枯竭的問題。[11]

無論政府資助的小眾藝術節目，或消費大眾媒介商品，其創作的延續取決以下因素：

第一、筆者首先想一項創作項目可否成一項被受社會重視的活動，成為競賽，創作人互相切磋技藝的條件。桑籟德 (Richard Sennett) 和妻子

莎森 (Saskia Sassen) 在蘇聯面臨解體前參觀莫斯科的郊區屋宇，見它們破落殘舊，那帶他們的導遊回應：人民不理也罷——他們把道德心拋諸腦後。[12] 桑籍德引申工藝提升需要競賽或市場競爭。筆者強調競賽成為提昇工藝和創意的必要條件，並不是二十世紀的事。伊里雅斯研究莫扎特生平，研究當時社會條件，得出一個結論：德奧地區教皇樞機領地分散，養活一大班宮廷音樂師，以自己的才華，希望同較富裕的樞機做事。反觀大英帝國，本身不需要那麼多宮廷樂師，莫扎特以後，古典音樂發展在德奧地區。[13] 正當家長督促子女學鋼琴，有志於鋼琴演奏作終生事業的學子，面對像日劇《交響情人夢》主角千秋真一不能去外國進修的那種心結，尤其是香港這個小地方，競賽和切磋的機會自然少得多。當然郎朗和李雲迪的成名例子 (筆者不能說他們是成功例子)，只證明他們利用香港作為國際城市出前所入境便利，並不證明香港增加古典音樂競賽和切磋的機會。鋼琴演奏者在全球化時代，比莫扎時那年代面對更多的挑戰。

第二、創意的規模和競爭是雙生兒。編者之一的姚偉雄在第十二及十三章分析日本美女經濟，描述其遊歷日本，目睹商舖售賣由美少女肢體造型變成的飾品。日本美女經濟產品亦在香港流行，甚至本地媒體亦把其語言挪用、本地化人，去描述本港的名人索女。正如《麥兜故事》一樣，麥兜的普及成為香港本土文化的標記，[14] 變成畢業贈送的毛公仔、文具及其他週邊產品。一類創作變成文化產業，關鍵是否突破當地的接受和普及。文化產業的延伸，就是把意象變成眾多可欲的產品，並不是亞多諾 (Theodor W. Adorno) 批評文化工業所指的單調重覆的景況。[15] 另一方面，茶餐廳不只是香港本土的集體回憶，而且帶來即時的快感和體驗。飲食集團和街角一隅的鋪子都標榜茶餐廳。誠然不同裝潢，室內氣氛，特色小吃，各自表述。各類茶餐廳既競爭、又共存，正是別具文化特色消費總匯。

第三、藝術，創新媒體、服務多少挑戰既定術政治和道德尺度，其成功與否，視乎社會人士和觀眾的容忍和容許。二十世紀前衛藝術 (avant grade) 處處挑戰既得利益者的藝術續值、政治、道德，採取一個極端的位置。[16] 莫扎特歌劇唐喬望尼 (Don Giovanni)，其主角唐喬望尼玩世不恭，花言巧語，出賣僕人，最終受盡天譴，甚具有反世襲諸候意味，皇公貴胄亦有人不悅。[17] 香港的大眾媒體只為自身成本效益，做一些「出位」的節目，而不敢做一些像新浪潮的電影，大膽挑戰觀眾觀念和可接受的尺度。本書關於選美兩章，正揭示箇中問題。第九章分析港男選美，其

內容和形式和香港小姐選美差不多，只是以女性覬覦男性裸露身體，爆發慾望、尖叫，這樣可否叫「創意」？正如布希亞論身體與消費，身體各部位的自覺，不但自戀，而且把自己的身體變成投資。[18] 以港男選美作例子，一旦搏得知名度，廣告合約自然來。另一章觀察中國大陸媒體選美，趨向中性打扮，甚至《加油！好男兒》一反男性剛陽美，觀眾網上投票，選取一臉稚氣的馬天宇，和中性打扮，巔倒眾生的超級女聲的李宇春。回歸十年，內地選美節目論其聲勢和接受程度，已大大超越香港了。

歸根究底，媒體影像審美後的道德判斷，正正困擾香港創意教育。一般家長和學校以訓示方式叫學生「不准做甚麼」，不指出影像審美與道德判斷之間爭論，套入生活的景況中，筆者直言是最懶惰的教育。早陣子鬧得熾熱的男女影星「艷照門」事件，網民紛紛把上床錄像下載，這是藝術麼？友人挪揄行為裝置藝術，有人吊白老鼠，是否宣告一種痛苦和死亡美學，還是虐畜？可否打著十九世紀波希米亞藝術口號──為藝術而藝術 (l' art pour l' art) ──抗辯藝術自主？[19] 甚至當過中學老師的本地學者湯禎兆，隻身到日本研究 AV (成人電影) 產業，心裏有掙扎，可是發現演員製作認真，薪金低，但表現專業。[20] 可是，香港的學子怎會花時間思考？簡單說一句，審美後的道德判斷，拒絕熱切討論和反覆思考，往往是破壞追求道德生活的根源。

其實，藝術和創意中的政治，令公眾重新反思習以為常的政治想法和實踐，引發公共空間討論，而不只是個人的藝術表達。本書關於手機網絡的廣告，不論楊過小龍女練功，一按穴唱歌的攪笑廣告，或者貼身服務，都把握商機的實務網絡推銷，意識型態上是資本投資，製造不同生活風格的消費者。聖誕老人的消費，五光十色之餘，美感背後耗用幾多地球資源？可否推廣綠色消費的生活美學？筆者認定政府的藝術保育和教育之餘，亦應該包容藝術背後的政治異見和挑戰？筆者並不擔心香港回到江青時代，非我族類者，排擠於藝術與政治領域之外，藝術淪為政治工具；筆者反而質疑英國殖民地培養的政府官員，以有限的知識和藝術修養，怎樣推行創意的保育政策？特首曾蔭權昨年到北京參觀798藝術區，見藝術家俞娜展出她自拍巨型裸照，不禁驚訝，原來北京的藝術尺度跨進一大步。[21] 筆者不禁汗顏，香港官員和決策者，藝術只等同英國小說和西洋古典音樂，恐不知本地藝術的內容，而揣摩上意，厚此薄彼，藝術只成為政治奉承，或小數人的消閒，不是大眾的教育。

本書編章

以上筆者對藝術，創意和消費的概念和分析作出補遺，而本書的考察個案歸類媒體與服務，個別的個案分析不突顯創意與消費的問題，一般的消費的分析，請參閱《通識‧消費：大學生文化考察個案》的第二章。

第一部分選錄四篇關於飲食文化的考察。第四章 (麥雪雯) 分析板前壽司以地道製作的日本壽司，成功佔吞本地連鎖店市場。第五章 (梁頌合) 透視茶餐廳如何反映本地飲食消費的文化茶餐廳以低廉價錢模仿西餐，變成地踎特色的飲食風味，也成為香港歷史的集體記憶。第六章 (吳敏婷) 比較舊式街坊茶居和連鎖店酒樓：街坊茶居不是講求食物質素，而是睦鄰的關係；反之，連鎖店酒樓以價廉物美元區域劃分，打造品牌，吸引鬧市茶客。第七章 (郭家怡) 研究高檔朱古力品牌 GODIVA，和其他高檔消費 crossover，提高產品的高檔形象，突破產品只是佳節禮品。

第二部分選錄五篇關於時尚與身體消費的考察。第八章 (漆朗謙) 收集及閱讀潮流雜誌《Milk》，探討其盛行原因，包括善於捕捉日本和歐洲當今年青人衣著潮流，並邀本地媒介知名名人擬稿，來過歐日時尚品味談，或者到名店朝拜，現身說法。第九章和第十章論及選美。男女胴體分陳，出位靠妙論對答，觀眾的注視則放在可欲的身體，而不是美貌與智慧。第九章 (何瑞希) 點出港男選美的內容和形式，其實和香港小姐選美相去不遠。它把男性胴體物化，製造娛樂話題，搏取港男候選者行知名度。第十章 (簡潔瀅) 撓過香港男女選美局限，以國外《加油！好男兒》和《超級女聲》作借鏡。今天電視節目以歌聲、才藝，引起各地年青人在燈光下一展才華，甚至接受中性美。曾特首驚訝訝國內藝術尺度跨進一大步，似乎在此引證。

編者之一的姚偉雄，在第十一章深入訪問三位資深日本動漫讀者，發現閱讀美少年漫畫 (boys' love comics) ，就是把自己的身份，像鏡中影像投射到美少年間的親密關係上。不過，姚與過去精神分析學家商榷的是，他並不認為鏡像投射是負面。再者，第十一章中介紹的傻呼嚕同盟及 Mark J. McLelland，對美少年純真、永不成長的男女同體的看法，其實與伊恩‧布魯瑪 (Ian Buruma) 對日本文化的洞見，乃一脈相承。[22] 美

少年成為變幻莫測的動漫影像，甚至一人分二角的雙子戀的劇情。在第十二及第十三章裏，姚偉雄以港‧日兩地之觀察與及實地考察，提出美少女「可愛」/「可欲」的兩面性，從美少女動漫「可愛」的親密關係，轉化成「可欲」的美少女肢體，再流傳到本地娛樂媒體和精品飾物去。「可愛」/「可欲」之轉化，其實引證拉康 (Jacques Lacan) 鏡像和身體肢解的精神分析。[23]

第三部分輯錄三篇關於新媒體的考察。新媒體 (new media) 有別於電視、收音機，在於其數碼網絡增加人與人之間的互動，打破傳統單向傳播模式。然而，數碼網絡供應商利用廣告界分它們不同的客戶群，以不同的生活風格為推銷賣點。第十四章和第十五章比較 One2Free 及 Smartone 兩大電話網絡供應商。第十四章 (陳偉杰) 的分析，引證網絡供應商的傳銷，其湊效的程度取決於廣告中的對不同生活方格的提示，令客戶群能在廣告傳播後的短時間內爭相仿傚。第十五章 (周聖峰) 指出，廣告背後意指 (signify) 的意識形態，不論廣告的手法和表現如何，其符號的意義依附於「專業進取」的商業倫理，或叫年青人即時行樂，無論如何，總逃不了消費的滲透。第十六章 (陳芷薇) 探討遊戲機中心的引入和服務對象，大多數是服務業員工午間小休，學生放學後途中玩一玩，以及遊閒的中年人士打發時間。遊戲機中心各有地區上的分眾：大型遊戲機中心吸引推銷員、廚師和樓面侍應生；阿叔阿伯和學生哥則流連舊區遊戲機鋪。「街機」帶來競賽、刺激、發洩，卻逃避不了家用遊戲的暢銷，帶走遊戲機中心的熟客。

註釋

[1] 筆者按：憶及1993年暮春週末下午，筆者在英國大學宿舍溫習累了，窗外高彬舞影，開著收音機，躺在床上。大氣電波中男聲清澈嘹亮，公開講述西方知識分子的放逐和文學批評。數年後翻查英國廣播公司網址，才知道男聲屬於鼎鼎有名的阿拉伯裔居美文學批評家薩依德 (Edward W. Said)。反觀香港，觀眾除了愛聽名人緋聞，打電話 phone-in 節目說己見外，有幾多人不怕納悶，聆聽一位有國際有威望學者長達四十五分鐘演說？說參看 Edward W. Said (1996), *Representations of the Intellectual: the 1993 Reith Lecture*, New York: First Vintage Books.

[2] 龔競聰，〈重量Plug〉，無線電視高清頻道－J2，2008-9-2，19:55-20:00。

[3] Zygmunt Bauman (2008), *Does Ethnics Have A Chance?* Cambridge, Massachusetts: Harvard University Press, pp. 196-9.

[4] 同註 (3)，pp. 206-7.

[5] 同註 (3)，pp. 212-4.

[6]　同註 (3)，pp. 220-2.

[7]　Christa Steinle (1999), "Preface", in Jean Baudrillard, *Photographs 1994-1998*, Graz: Hatje Cantz Publishers, p. 17.

[8]　Aristotle (1968), *Poetics*, Oxford: Oxford University Press.

[9]　Aubrey Beardsley & Oscar Wilde (1967), *Salome*, England: Dover Publications.

[10]　李清照詞為佼佼者。見《訴衷情》：「夜來沈醉卸妝遲，梅萼插殘枝。酒醒燻破春睡，夢斷不成歸。」；《一剪梅》：「花自飄零水自流。一種相思，兩處閒愁。」

[11]　Zygmunt Bauman (2007), *Consuming Life*, Cambridge: Polity Press, pp. 33-7.

[12]　Richard Sennett (2008), *The Craftsmen*, London: Allen Lane, pp. 30-1.

[13]　Norbert Elias (1993), *Mozart: Portrait of a Genius*, trans. Edmund Jephcott, Cambridge: Polity Press, pp. 25-7.

[14]　湯禎兆 (2004)，香港電影評論學會－「《麥兜菠蘿油王子》的本土性問題」，http://filmcritics.org.hk/big5/criticism_section_article.php?catid=130&id=286&PHPSESSID=4d015a59f470ab923e9fb8a5513ff525。瀏覽於 2008-9-11。

[15]　Scott Lash and Celia Lury (2007), *Global Cultural Industry*, Cambridge: Polity Press, pp. 7-9.

[16]　Peter Berger (1984), *Theory of the Avant Grade*, translated by Michael Shaw, Minneapolis: University of Minnesota Press.

[17]　Norbert Elias (1993), *Mozart: Portrait of a Genius*, translated by Edmund Jephcott, Cambridge: Polity Press, p. 95. 筆者按：回應香港學術培養問題，香港人口之規模，不能與國家相比，香港沒有美國各類一、二線大學和社區學院容下眾多學者，製造學術競爭和切磋的良性氣氛。香港以高薪禮聘美國一流大學教授，以證明國際城市的檔次，但本地學者晉昇機會僧多粥少，研究資助佔國民生產總值，和其他國家相比，很不成比例，製造不了學術競爭的良性氣氛，實質堰苗助長。知識領域的突破很難和其他國家相比。當經濟下滑，政府資助大學無力高薪禮聘國際一流大學教授，或教授人去樓空，實質對香港高校教育的提昇，有何對策？

[18]　Jean Baudrillard (1998), *The Consumer Society: Myths and Structures*, London: Sage, pp. 134-6.

[19]　同註 (16)，p. 35.

[20]　馬家華，《文匯報》－「帶你闖進AV禁地」，http://paper.wenweipo.com/2005/09/02/FB0509020001.htm。瀏覽於2008-9-11。

[21]　中國評論新聞－「曾蔭權博客感慨：女人心是最難捉摸的東西」，http://www.chinareviewnews.com/doc/1005/0/3/4/100503403.html?coluid=48&kindid=0&docid=100503403。瀏覽於2008-9-14。

[22]　伊恩‧布魯瑪(Ian Buruma) (2008)著 ，林錚頭譯，《鏡像下的日本人》，台北：博雅書屋，頁187至216。

[23]　Jacques Lacan (1977), *Écrits: A Selection*, translated by Alan Sheridan, New York: W.W. Norton, pp. 1-7.

陳政成

第四章。

長江後浪推前浪——

板前壽司

的新風格和新口味

麥雪雯

長江後浪推前浪——板前壽司的新風格和新口味

壽司在香港已有近四十年歷史，一直深受本地人推崇及歡迎。壽司堪稱日本食品的表表者之一，足跡遍及全球，上至高級酒店下至街頭小店，都不難找到各式各樣的壽司。同時，在全球化帶動下，為切合本地消費者需要，促使本地化壽司店在香港出現。[1] 可惜，自板前壽司出現，這種本地化現象似乎在不知不覺間改寫了。所以，這篇文章將會深入探討該轉變的成因、過程，以及其潛在意義。雖然，許多人都曾談及本地化，他們多以旁觀者身份，以第三者的角度去分析它所帶來的正面及負面——容易適應和違背傳統這兩方面的影響。[2] 但本文將嘗試以一個消費者的身份，討論板前壽司如何透過「日本傳統」這賣點而跑出。本地化壽司是否已經不再受港人青睞？時代不斷變遷，人們的心態和對食物的要求亦不斷，那麼在這急速社會中，壽司文化又能否歷久常新呢？

香港壽司文化的轉變

自九零年代香港經濟開始蓬勃，大部份人都能夠負擔旅遊等額外開支，而日本亦成了香港人熱門的旅遊勝地。當人們遊覽的次數越多，對日本文化的認識越深，所見所聞都全是俱有傳統日本風格的消費品，自然會對自己平常接觸到的本地化日本貨產生疑問。「為甚麼在日本吃到的壽司跟本地所吃到的截然不同？」類似的問題便會隨之而產生。而

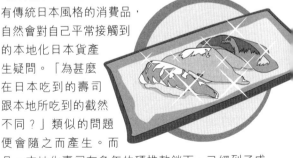

且，本地化壽司在多年的硬推軟銷下，已經到了成熟階段。[3] 所以，對於追求創新及刺激的香港人來說，一般壽司已不能滿足或吸引他們。然而，在一些保留較多日本風格壽司店的衝擊之下，便做就了「板前熱潮」。

港人不斷地追求味覺享受，只有「新鮮」才能完全滿足顧客心理上的要求。「新鮮」不只代表食材新鮮日本運抵本港，亦包括源用奇特刁鑽材料如鯨魚嘴、鯊魚肚等，去製造新鮮感給予消費者。越稀有的食品，便越能吸引消費者。通曉此道理的壽司店，便會定期推出一系列精品壽司，讓客人在嘗試新口味的同時，亦給予一種高尚感覺。

以往，本地化壽司的出現是為了切合本地人口味。但若現在人們渴望能吃到切合日本傳統的壽司店，那是否標誌著，本地化已經不再是日本食品的成功要素？

板前壽司的高檔迴轉壽司潮流

板前壽司能繼元祿壽司、元氣壽司後於香港壽司市場取得一大席位，全因為它揣摩到港人心理上和口味上的轉變。板前壽司由鄭威濤 (Ricky)於2004年一手創辦，成功打開高檔迴轉壽司潮流。「板前」一指做壽司的人，是一間名副其實的連鎖式壽司店。在裝潢上，板前希望保留傳統日本式設計，店內外都以木造傢俱為主，與其他日本當地壽司店一樣。店內掛上提燈、海報等來增強日本感覺。[4] 店內長期播放日文樂曲，配合幽暗的燈光，令顧客猶如置身於日本一樣，滿足港人想像中的日本體驗。每逢有食客光顧，不論距離遠近，侍應生和師博們都會以純正的日文向客人打招呼，離開時也不忘向客人致謝，可見板前在蹄造日本風格與服務質素，比更早開業的元祿及元氣，有過之而無不及。

板前壽司的食品並非以多元化掛帥，其注重的是製作壽司的技術以及食物的真味。手握壽司是板前最大特色，它強調要保持壽司的鮮味，單憑機器是不行的，一定要以指壓的陰力才能夠做出最美味的壽司供客人享用，突顯它以食品質素作標準而並非「大件夾抵食」，這些促使它鶴立雞群的主要原因。

限量版壽司亦是板前的另一大特色。它捕捉顧客追求新鮮和高檔的心理，從而推出一些與傳統壽司不同的美食，師博會以矜貴的材料製作出極品壽司，如馬肉、象拔蚌肉壽司等。此舉不但能測試香港人對新口味的接受程度，亦可滿足食客要求。在同時，老闆亦希望能帶給食客最傳統風味，有什麼能比日籍師博主理更傳統？所以，每間板前壽司分店都有日籍師博帶領學徒做壽司，他們會穿著日式制服，盡量把壽司建立在最傳統的基礎上，再加上創意發揮。

板前全面在視覺、聽覺、味覺各方面都能體現日本風格，再以高質素食品添加新鮮感，完全符合日本人「一絲不苟」的精神。與板前壽司相比，過去以本地化為賣點的壽司店已不再成為主導，而且亦逐漸被淘汰中，因此，板前的發蹟確實反映想出香港壽司文化的轉戾點。也許，「本地化」不再是本地壽司潮流。

「先本地，後傳統」

元祿、元氣等本地化迴轉壽司店都以機器製作壽司，務求以大量生產減低成本以促銷，卻難以達到現今顧客對高質素壽司的追求。[5] 板前壽司作為迴轉壽司連鎖店，大量生產是必須的，但它亦未忘顧客對體驗的注重，服務質素 (quality of service) 是其重要經營方針。板前匯合了奢華主義，創新食品，保証壽司質素，以及追求有異於本地化壽司店的風格——揚棄本地化路線，強調日本傳統。

現代人追求個人品味，認為要有與別不同的體驗，才能突顯自我和製造不同凡響的感覺，獲得別人的讚賞和認同。[6] 板前的手握壽司能為顧客提供特有的口感。因為每位師傅製做壽司的手勢與力度都不同，而致每件壽司壽司味道都有少許分別，讓壽司有個人化的特色，滿足顧客對獨特性的追求。

很多時候，在港的日本食品都會匯入香港元素，如環境、食材以及風格各方面，以切合本地人的口味。不錯，產品在開始引人的階段時加添多些本地元素是不可或缺的，這樣可以令本地人感覺親切，容易接受，太過傳統往往令本地人望而卻步。但當本地人開始對正宗壽司有更深認識、了解其真正傳統時，便會開始質疑這些本地化體驗是經過多重修改後演變出來，與傳統的感覺大相徑庭。對傳統壽司不太熟悉的人而言，或許這是尚可接受的；但對於那些對壽司傳統已有一定認識的人，便會尋根究底，找回「真正」版本。所以，在產品引入到達成熟期，本地化產品無可避免會遭到逐漸淘汰的命運；相反，傳統化產品則會成功取代已有本地化產品，給顧客提供最正宗的享受與體驗。

由此可見，一種異地文化的產品要引入另一文化並不能採取單一方向，本地化和傳統化各在不同階段扮演著重要角色。吳偉明以「人們只滿足於奇特的感覺」來說明本地化的優勢。[7] 但是，他忽略了本地化會令產品改頭換面，忽視人們追求「原味」的精神。

「先本地，後傳統」能讓壽司成功打入香港市場，兩者缺一不可。只著重本地化的話，會忽略壽司本身的傳統，但只著重傳統的話，卻會令港人難以接受。因些，並不是本地化落伍，只是在不同產品階段，要應用不同的方式去迎合消費者口味。

板前壽司屬後者，正在不斷發展，勢取代元祿、元氣，為消費者帶來更傳統、更具風格和創意口味的壽司。本地化隱退是一個無可避免的現象，而帶有較多新式傳統化的壽司店將會帶來革命性的轉變。

註釋

[1] Benjamin Wai-ming Ng (August 2006), "Imagining and Consuming Japanese Food in Hong Kong, SAR, China: A Study of Culinary Domestication and Hybridizing," *Asian Profile* Vol.34, No.4, pp. 299-300.

[2] 同上，p. 302。

[3] (i) 《U Magazine》第112期，2008-1-18，頁11。(ii) 同註(1)，pp. 300-301。

[4] 同上，見《U Magazine》，頁12至14。

[5] 同註(1)，pp. 301-2。

[6] B. Joseph Pine II & James H. Gilmore (1999), *The Experience Economy*, Massachusetts: Harvard Business School Press.

[7] 同註(1)，p. 299。

第五章。

茶餐廳文化

俗民影象與集體回憶

梁頌合

2007 年4月，民建聯提出建議將「港式茶餐廳文化」申報為人類非物質文化遺產，基本特點包括：獨特性、通過口頭傳統和表現形式、傳統手工藝技術、活態性、傳承性、流變性、綜合性、民族性和地域性。[1] 值得探索的是，茶餐廳文化成為香港人心目中根深柢固的飲食文化主流，其原因何在？各類規模不一的茶餐廳的競爭之下，為何有些單位仍然能屹立不倒？它們又反映出怎樣的香港茶餐廳文化？

由高級西餐廳演變成的茶餐廳，在打入華人市場的過程之中，加入了很多原本西式餐飲文化以外的特色。在六、七十年代，工業興起之同時，政府在城市規劃方面亦相繼興建工業區、新市鎮，上班跟工作的距離大大增加，工人、白領開始尋找外出用膳；慢慢發展成貿易港到現在的金融中心，女性參與工作機會增多，於是到餐廳用膳更加普及。據香港大學民意研究計劃的調查所指，發現白領工人飲食習慣有六成五人經常出午膳，而其中有七成二選擇在茶餐廳午膳。[2] 而茶餐廳發展，隨著香港人「出街食」(eating-out) 的習慣而變得愈蓬勃起來，要了解為何香港人鍾情茶餐廳的飲食文化，我們可以追溯到殖民時期開始已植根於香港的崇洋心態。

殖民地時代初期，西式高級餐廳售賣價格昂貴的食物，本地的老百姓沒有能力負擔，因此慢慢開始出現了茶餐廳的前身——冰室。冰室提供咖啡、奶茶、紅豆冰、三文治奶油多士等飲品小食，主要是青少年閒時相聚的老地方，一些描述六、七十年代的電影如《亞飛正傳》，有以冰室為主的場景。西方電影《危險人物》(Pulp Fiction) 當中亦有一些圍繞西餐館 (dinners) 的背景，

兩者的外表裝潢、燈光，柔暗浪漫，正正顯示了冰室是轉承自西式餐飲文化。常言道：「外國嘅月光總係圓D」，當時香港在英國殖民地政府管治下，港人深受西方文化薰陶。對西餐廳這種昂貴、非普及化的消費，人們愈難得到，便愈產生好奇。另一方面，當時多數的西式高級餐廳並不會招待華人，礙於語言阻隔，普通的華人一直無法享受這種新文化。直至一些華人開設的餐室開始引入西式食物，例如焗意大利粉、五成熟牛扒、法蘭西多士等，統統都在茶餐廳裡找到了，滿足了普遍人的崇洋心態，而食過用豉油煎五成熟牛扒，就仿似比還在吃唐餐，更識懂得享受，地位更高人一等。

因此，地道茶餐廳有別以往的西餐廳，具有高度模仿能力及揉合各地不同風味的創意。一方面，香港人的社會大多數已經被茶餐廳的文化影響甚廣，因而使其他食肆的同行也跟隨。另一方面，隨著茶餐廳提供的食品種類繁多，例如中式小炒、西式焗飯、東南亞、日式等各種各樣的美食，逐漸演變成今日的茶餐廳。茶餐廳的模樣演變日新月異，又加入了快餐店連鎖經營等新元素，使其行業在競爭之下，仍然能夠百花齊放。這便是社區中消費模式具有服務差異化 (differentiation)[3] 的概念，套用在現代茶餐廳的競爭模式。幾乎每間茶餐廳所做的、賣的都是差不多的食物。消費者的選擇並非局限於市場上供給的種類，他們的消費反而是被生產者所操縱，就如阿多諾提過的文化工業操控人類必需的命題 (manipulation of customer needs)，[4] 顧客並沒有真正的選擇，所謂的選擇一早經已被市場、企業的利潤所支配。因此消費者在選擇不同茶餐廳的時候，沒有說是那一間比這一間的質素較好，反而是傾向鄰里或地域消費模式，即俗語所謂的「街坊生意」。

茶餐廳的消費習性

說到「嘆茶」、「嘆咖啡」，現在的年青人會上 café，上一代的人（其實現在還有一定數目的人）仍然熱愛茶餐廳的下午茶，「三點三」(下午三時十五分) 去吃個「菠蘿油」(塗上牛油的菠蘿包)，飲杯香滑奶茶，乃是人生一大快事。喜愛奶茶、咖啡、「鴛鴦」(奶茶混咖啡) 的人總會批評平民化的連鎖意大利餐廳不夠正宗，要飲一杯「絲襪奶茶」的學問很高，而食客對奶茶的要求亦很講究，所以直到今天，很多茶餐廳仍然留得住熟客。你會想，為甚麼香港人對於一些高檔飲食文化不太重視，就算是「穿起龍袍都唔似太子」，到大酒店吃個 high-tea，總是渾身不自在？其實，到茶餐廳是香港人不能磨滅的習慣，而這個更顯示出自由自在地吃個下午茶，嘆杯奶茶的「地踎」飲食文化，是牢固於香港人心目中的核心價值。

對於熟客而言，不是每間茶餐廳的奶茶也是一樣味道。那體驗不只是舌頭嘗到的味道，還有一些牽繫著社群的情感。顧客與老闆之間、顧客與顧客之間、或者是顧客與那個裝奶茶的瓷杯之間，每天也積累著難以形容的心靈感動。難怪九十年代的移民在外國總是想嘆一杯港式奶茶 (雖然他們更恨吃到一碗雲吞麵)。鄰里消費是普遍的香港消費形態，屬於中國人的社會，「關係」非常重要。例如吳孟達在《行運一條龍》中飾演的茶餐廳老闆，對於「飛沙走奶」要求做到一百分，為不只是生意，還有「留住人客個心」，社群之間建立的網絡關係。

茶餐廳的「地踎」生活美學

細心想想，一個人跟女朋友第一次約會，會在茶餐廳吃晚飯嗎？當然不會。茶餐廳的形象相對「地踎」，沒有豪華裝潢，沒有古典音樂，沒有地毯及掛畫。然而茶餐廳乃是香港的特產，百分百香港發明，每間茶餐廳內都瀰漫著自由的空氣，比起那些只招待 formal dressing 的高級西餐廳，茶餐廳是草根香港的佼佼者。炎炎夏日，你可以穿件菊花牌背心、「躂對人字拖」；嚴冬時分，你也可以在汗衫上穿一件啡色羊毛底衫。然而，那次我們到訪翠華、油麻地的美都，亦不難發現「西裝友」、護士小姐、外籍人士在吃午飯，「嘆」一杯奶茶、咖啡。其實茶餐廳屬於香港人社會的本土意識，「本土意識」是一種集體成長的經歷，衣、食、住、行、玩樂的共同經驗和印記，一種強烈的歸屬感或身份認同 (identification)。

七十年代，黃霑和顧嘉煇創作《獅子山下》，透過「獅子山」、「同舟人」等，建構出「香港人本土意識」。[5] 二戰後大批內地居民移居香港，雖然他們把香港視為暫居地，但他們的後代在香港土生土長，視香港為等同故鄉的長久棲身地。香港作為難民城市，共同的生活經驗卻令他們對棲身地產生認同。土生土長香港人開始享受共同的消費習慣，如茶餐廳、街頭小吃、大牌檔、觀賞足球賽事及使用集體運輸設施等。九十年代經濟起飛，提升了市民的消費力，發展出一些集體生活消費模式，如唱卡拉OK、逛大型購物商場等，而「茶餐廳的生活模式」在香港人社會一重要的飲食文化上，站穩一個重要的角色，重申表明香港人鍾情「地踎」的飲食環境，享受自由自在的空間，對於「高檔嘢」並非如以往般熱愛，反而在茶餐廳的文化而看，我們又再一次感受到一些只屬於我們我本土情懷，只屬於我們的「集體回憶」。

筆者實地觀察，發現很多茶餐廳會把是日午餐、快餐的餐牌擺放到門外街上顧客可看到的地方。當你還未踏入門內，已經知道「啱唔啱食」。這手法一方面提高茶餐廳的競爭力；另一方面更可滿足到繁忙的香港人，一坐下就可以「叫嘢食」，省下很多時間。加上茶餐廳的食物種類非常之多，中、西、日、泰、印等等，任君選擇，代表著香港人強大的包容性，而茶餐廳亦是中西文化交匯的集中地。正如香港人非常貼近生活潮流，茶餐廳的食物品種代表了一種「實用主義」，[6] 又稱「拿來主義」，沒有一間茶餐廳會談及門派，無法界定所提供的食物是那一個菜系，往往都是挪用了人家的東西加以變通，成為符合本土人口味的食物，經典的例子有黑椒牛柳炒意粉，還有芝士焗瑞士雞翼公仔麵。很多意想不到的複合食材配各都在其中，令人時刻有新鮮感，簡直比「一次有三個願望」更厲害！而在新潮流影響之下，茶餐廳亦會「跟風」。何以見得？大家可看到，很多茶餐廳已經設置plasma 電視屏幕，播放足球賽事，而且更有外賣速遞、上網點菜、廿四小時營業，可見茶餐廳的發展不斷更新，想像還會有著更多的突破。

總結：我愛茶餐廳

　　隨著社會步伐加快，茶餐廳開始被「快餐店化」，以多、快、好、省為gimmick，大規模圖利。可是快餐店愈來愈普及，現在的連鎖茶餐廳，好像翠華、銀龍，便各出其招。翠華餐廳有賣「I ♥ 豬扒」的T恤，其發展模式超越了傳統，所追求的是顧客心態的捕捉，在餐牌上看到中文、英文、日文對照的菜單，伙計是有名牌、有制服、有訓練的侍應生，打造自家品牌，其中的變化解釋了「再魅過程」。[7] 現代的茶餐廳跟昔日的冰室明顯不同，可留意到的是，由冰室至舊式茶餐廳，直到快餐店攻破市場，發展連鎖式「地踎」消費品牌，體驗親切、殷勤。現代的茶餐廳又再一次成功了。

註釋

[1] 民建聯網站－「建議將維港及港式茶餐廳申請為世界遺產」，http://www.dab.org.hk/tr/util/printview.jsp?content=article-content.jsp&articleId=5457&categoryId=2279&print=1。瀏覽於2007-12-9。

[2] HKU POP SITE 香港大學民意網站－「現今經濟壓力下香港白領人士飲食行為意見調查」，http://hkupop.hku.hk/chinese/archive/report/eathabit03/index.html。瀏覽於2007-12-9。

[3] Byron Sharp and John Dawes (2001)，"What is Differentiation and How Does it Work?" *Journal of Marketing Management*, 17: 739-59.

[4] Theodor W. Adorno - Wikipedia, http://en.wikipedia.org/wiki/Theodor_W._Adorno#Select_bibliography_.28by_publication_in_English. Accessed on 2007-12-9.

[5] 呂韡宗，〈本土風情 一目了然 微型創作 濃縮歷史〉，《香港文匯報》，2007-12-8。

[6] 曾偉強，〈在茶餐廳裡尋找香港精神〉，http://www.etsang.net/article/art041.htm。瀏覽於2007-12-9。

[7] George Ritzer (2005), *Revolutionizing the Means of Consumption: Enchanting a Disenchanted World* (2nd ed.), Thousand Oaks, CA : Pine Forge Press, pp. 7-20.

第六章。

港式飲茶文化

分異與比較

吳敏婷

港式飲茶文化——分異與比較

甚麼是飲茶？

飲茶與其他飲食一樣，也是滿足我們果腹的生理需要。雖然如此，食肆如茶餐廳與快餐店，卻絕對不能取代茶樓或酒樓。因為茶樓或酒樓提供了一個社交平台予茶客，茶客可於茶樓待上半天來吃點心、共聚天倫和聯誼。正因為這兩種獨特性，飲茶成為一種揉合生理需要和社交需要的消費文化。

所謂的「港式飲茶」並不同「品茶」，品茶是一門欣賞茶葉和茶藝的藝術，而飲茶是經商人將之生意化，文化消費化的結果。起初人們到茶樓品茗時主要是享受喝茶，點心只是以配角形式出現。時至今日，點心已演變成為茗茶中的主角。因此「飲茶」不再是純粹欣賞茶的藝術，果腹已變成更重要的目的。茶樓除了喝茶之外，亦兼具飯店的功能。[1]

張展鴻教授研究香港飲食文化，提出早期人們飲茶的主要目的是作社交用途。在1950至1960年代，茶樓是一個讓大陸湧入的難民互相交換工作情報的地方。[2] 現在茶樓作為社交平台這功能，發揮得更淋漓盡致。

酒樓的歷史

港式飲茶是源自廣州的廣東飲茶。中國的飲茶風氣可追溯至唐朝，此時的飲茶仍是以品茶為主。及後至清朝，廣東一帶發展出「茶樓」文化，因此「上茶樓」是一種獨特的粵式飲食文化。[3]

早於十九世紀，飲茶的地方分為「茶樓」和「酒樓」兩種，雖然兩者都是人們泡茶品嚐點心的

地方，但「茶樓」比「酒樓」更早存在，而「酒樓」則多為商人傾談生意之地。今天，「茶樓」與「酒樓」在營運上再也分不開了。[4]

飲茶文化在香港的改變

當廣東飲茶傳入中西文化薈萃的香港，茶樓和酒樓 (下統稱酒樓) 為迎合香港獨有的文化而作去改變，從而吸引顧客消費。

首先，隨著香港社會推動男女平等，於五十年代只有男客人光顧的舊式茶居，已被一家大小泡茶嚐點心的新式酒樓所取代。亦因為茶客群的改變，「女招待」[5] 已不是吸引顧客的要素。酒樓改為聘請「樓面」(侍應生) 來增加服務效率及質素。其次，低下檔的街頭小食，例如煎腸粉，榮升為酒樓桌上的美點。這種飲食文化的改變是香港社會的階級結構改變，越來越多低下階層晉升為新中產階級所致。[6]

除此之外，香港流行的「快、靚、正」思維亦挑戰傳統酒樓的營運模式。這種崇尚快與方便的要求打破飲茶時要自己「搵位」這老規矩，「搵位」工作現已變成由咨客代勞。

不同類型酒樓的比較

酒樓發展至今天，主要可分為三大類。第一類為屋邨酒樓，此類酒樓多為小本經營，價錢大眾化，顧客群主要是屋邨街坊。例子有彩虹坪石邨的新坪石酒家。

第二類酒樓是集團式經營的新派酒樓，它們佔據大部份的飲茶市場，例如稻香集團旗下的稻香超級漁港。這類酒樓善於創新，它注重的不僅是食物的質素，更強調飲食的美學。相比之下，這類酒樓不論食物質素和服務的統一性都非常高，因此吸引大批中產階級光顧。第三類酒樓是舊式酒樓，代表為有近百年歷史的蓮香樓。與新派酒樓恰恰相反，這類酒樓賣的並非新派飲食美學，而是舊式的飲茶文化。

屋邨酒樓

這種酒樓的實用性較高，它只提供兩種功能：充飢和作為社交平台，消費者從中只獲得有限的體驗。加上不同經營者有不同的經營模式，此類酒樓的質素可謂良莠不齊。

新派酒樓

上文提及新派酒樓強調的是飲食美學。新派酒樓深明現今消費者不追求永久，只追求剎那間享受這種新消費態度，加上集團式經營不能如屋邨酒樓和舊式酒樓般與茶客建立感情來留住顧客，那它們如何留住這些貪新忘舊的顧客呢？稻香等新派酒樓的經營者便想到利用新消費工具來升級消費者的飲茶美學。

新派酒樓將飲茶的「香」和「味」兩個感官刺激提升至刺激五官的感受，令消費者對飲茶美學有不斷熱切的追求。[7] 亦因如此，它強調的是物質產品的非物質成份，即食物以外的因素，例如食物的賣相、周遭的環境、裝潢、服務及效率等。在這些新派酒樓已甚少待應推點心車到處叫賣的情況出現，取而代之的是顧客於點心紙上填寫，之後侍應便會從廚房端出熱哄哄的點心供茶客享用。單單這一個模式已能看出與舊式酒樓的分別：首先，茶客不用堆在點心車跟前拿點心，這樣既可維持樓面秩序亦能給予茶客被服務的感覺；其次，點心即叫即做，減低浪費點心的風險。僅僅點心紙已反映出新消費工具 (服務) 的吸引力。

新派酒樓強調飲茶美學，注重的不應只是食物的味道，講究的食物賣相更能令茶客食指大動！想深一層，錦鯉形狀的布甸難不成會與平常的布甸有著不同的味道嗎？為何乾蒸燒賣上鋪上香菇再取名為「五星燒賣皇」便值上比原價多三分一的價錢？由此可見，這些食物優勝的不是味道，而是它們表達予消費者的視覺刺激。除了食物賣相，華麗的裝潢亦能將飲食美學升級。整潔而空間感強的空間令茶客置身舒適的飲食環境，再加上貼心的服務，在如此心曠神怡的環境底下，誰會吝嗇區區幾碟點心的價錢？其實強調美學何嘗不是一種新消費工具？它並不銳意於提高生產力，而是提高消費力，[8] 因此它注重的是食物的周邊配套。

新派酒樓是「M型」和「S型」新消費工具的混合體，各取兩者所長。一方面，它有著「M型」的功能主義；客制化的點心生產模式有效控制生產和節省成本；另一方面它有著「S型」注重質量和「符號價值」的特點。[9]其中「符號價值」被強烈地表達出來，例如稻香幾乎可與「講究賣相」、「貼心服務」等詞彙畫上等號。

從體驗飲茶美學的過程中，茶客能將飲茶這過程體驗化，將進餐的經歷轉化成美好回憶。相比起純粹的味覺享受，新派飲茶美學還有視覺享受及精神壓力的紓緩。另外，新派酒樓如稻香擅於利用廣告吸引顧客。然而這些廣告不是去推銷它新推出的點心，而是大打溫情牌。廣告鼓勵消費者與家人到該酒樓一起享受和創造歡樂的片段。此舉無疑是將商品體驗化發揮至極致，以客人之間的感情彌補酒樓與客人間缺乏的「情」。

傳統酒樓——懷舊有價？

從新派酒樓的刻意經營中，我們可以看到要從飲食業突圍而出是需要不斷的創新。但為何在現今發達講效率講服務的社會，蓮香樓這種舊式酒樓仍有其生存空間？原因很簡單：「懷舊有價」。蓮香樓內充滿中國色彩，大廳牆上掛著中國古文詩句和山水字畫；茶客需自行找座位，往往需要搭台，店內堅持著舊式酒樓手推點心車的售點方式。以上種種，擺明車馬是以懷舊中國風為賣點。

以往蓮香樓主要客源為上環區內熟客，及至近年情況有些改變。近年由於流行懷舊風，向來三分鐘熱度的香港人突然對舊香港文化有著情意結。人們深怕象徵香港的文化消失，這從早前抗議遷拆天星碼頭的事件可見一斑。因此，香港人要在舊式飲茶文化沒落前趕緊嘗試和加以珍惜。亦因如此，現時我們走進蓮香樓，放眼的不僅看見老茶客，亦有年輕一輩的顧客。

另一原因是「物以罕為貴」這定律。當屋邨酒樓和新派酒樓差不多佔據了整個飲茶業時，人們追求新鮮感這老毛病又發作了。人們想從飲茶中得到跟平常不同的飲茶體現，尋尋覓覓終於在舊式酒樓中找到有如置身民初時代這獨特感覺。這種古樸特色亦吸引了不少遊客和文化愛好者來這裏體驗香港懷舊文化，舊式酒樓還被推介為旅遊熱點，避開業界新競爭對手的衝擊。

總結

　　總的來說，屋邨酒樓、新派酒樓和舊式酒樓能在業界共存是因為他們的顧客及消費價檔不同。然而隨著現代人對生活素質的要求不斷提高，新派酒樓將會是飲茶業的大趨勢。鑑於這個不爭的事實，市場恐怕將會出現大集團壟斷經營的局面。

註釋

[1]　魯言 (1991)，《香港掌故》，香港：廣角鏡，頁125。

[2]　Sidney C. H. Cheung (2002), "Food and Cuisine in a Changing Society", in Sidney C. H. Cheung and David Y. H. Wu (eds.), *The Globalization of Chinese Food*, London: Curzon Press, p.107.

[3]　張名榕，〈喝好茶配點心 港式飲茶熱鬧吃〉，《中正E報》，2005-3-31。

[4]　同註(1)，頁121至125。

[5]　同上，頁133。

[6]　同註 (2)，p.108。

[7]　劉維公 (2006)，《風格社會》，台北：天下，見第九章，頁239至261。

[8]　同上，頁77至78。

[9]　同上，頁90至91。

吳敏婷

第七章。

朱古力
的品牌消費

郭家怡

朱古力的品牌消費

引言

　　朱古力，從前是貴族專利，後來得以大量生產，變得商業化、平民化。時至今日，它與和我們的日常生活息息相關。情侶間互送朱古力表達愛意；商業社群以送朱古力表達誠意，打交道。生產朱古力，更可成為跨國大生意！本文會以 GODIVA 朱古力作例，分析現代人的消費模式，繼而引申到品牌消費是如何建立。最後，就著服裝品牌 agnès b. 推出朱古力一例，探討朱古力和品牌的關係，及其背後反映的消費文化之轉變。

　　《巧克力——從土法煉製的馬亞冷飲幻化成甜蜜的愛情信物》一書指，墨西哥奧爾梅克人約在公元前3000年發現可可豆，當時的食法是沖泡飲用，只有皇室成員才可享用。後來哥倫布於第四次航海後把可可豆引進歐洲，改變了朱古力的食法。[1] 後來，瑞士人把可可豆製作成固體的朱古力，[2] 加上現代機械生產，使朱古力大量生產，因而成了平民都可享用的消費品。

　　時至今日，朱古力不單有高低檔次之分，即使相同檔次，也有不同風格，而各有各的支持者。大量生產固然能使朱古力走上商業化之路，但更值得深究的是，品牌愈來愈多，如 GODIVA, 金莎、瑞士蓮、M&M's、吉百利等等，產品的口味亦變得同質化 (如味道、口感)。生產商如何在競爭激烈的市場中站穩住腳？就讓我們以 GODIVA 為例，探討它怎樣能建立優勢。

朱古力與生活

郭家怡

GODIVA 朱古力本是比利時皇室御用食品，有 75 年歷史。創辦人擁有自己一套製作優質軟滑的朱古力秘方，繼而在製作工序中加入精巧技術：先製作朱古力外層，加入餡料，再把朱古力外層製成精緻藝術品，整個過程一絲不苟。GODIVA 更會以專人裝飾朱古力，可見其對產品美感的重視。[3]

除此之外，GODIVA 於多個高檔次購物商場如又一城、IFC 設有專門店。[4] 為了和消費者有貼身交流，其服務範圍包括提供送禮意見、鮮製朱古力、個人化選購等服務。店舖設計以其豪華的主題顏色——金色與棕色為主。為了提高消費者的購買意欲，售賣的朱古力均有精美包裝，而且 GODIVA 於不同節日 (如聖誕節、情人節) 推出時令包裝的產品，並於廣告方面作出配合，吸引不少送禮一族。由製作到包裝以至銷售，GODIVA 都突顯其朱古力美學與質素並重，是送禮首選。

作為群體生活的一份子，大家都設法融入生活圈子中。[5] 以商業社會為例，大家都以自己利益為先，如跟別人合作，開拓更大市場，打交道是不可或缺的途徑，送禮成了意義重大的一環，例如送 GODIVA 朱古力，其包裝得體大方，價錢昂貴，一方面表示送禮者對 GODIVA 的美感有著的認同，另一方面，可藉此炫耀自己的消費力，顯示出自己有高身價、高地位，告訴受禮者自己有足夠「斤兩」跟他合作。

人們更可透過送禮傳情達意。如情人向另一半送上 GODIVA 朱古力，除了寓意甜蜜，更重要的是具個性的種類、款式、以致包裝，這份精心挑選的情意，加上 GODIVA 建立多年的高檔朱古力形象，送禮者有種「要給對方最好」的意味，盡在不言中，充分表達情人對另一半的重視，進一步維繫感情。

從 GODIVA 看消費文化

由以上可見，現在消費者追求的是產品的美感、體驗，他們要購買的不單是要有知名度的產品，而是要有獨特性。[6] 只有獨特的美感、體驗才能表達他們炫耀的心態，送禮的心意。在商務約會時若只為對方送上一盒品味平凡的朱古力，人家會覺得你誠意不足。雖然那盒朱古力也可能是價值不

菲，但跟 GODIVA 朱古力相比，正是欠缺那份華麗與貴氣。因此，產品已代表了消費者表達的的文化意義 (如包裝、外觀設計)。現今消費者本着個人生活美學的見解，購買有共鳴的文化經濟產品，形成一種獨有的生活風格。

競爭要訣：品牌作定位

生產商要提高競爭力，必先令消費者認同其品牌文化。一方面，面對資本主義轉型，要跟上產品週期加速縮短，競爭激烈，[7] 文化經濟就最能以靈活方式掌握現今消費市場的不穩定和不確定狀態。[8] 而生產文化經濟產品並不需要太多勞動成本，可替生產商建立有效的獲利基礎。[9] 加入文化於商品中輕易取悅一班能和產品文化體驗有共鳴的消費者。因此商品的文化含意和美學體驗才是競爭本錢，單靠產品的功能及相宜價錢不可取勝。[10]

這亦解釋了競爭激烈的朱古力市場能有多個品牌同時並存。雖然他們打造品牌的目的一致 (提供一個與別不同的消費途徑，吸納一班和品牌理念有共鳴的顧客，保障收入)，但手法不同。如 GODIVA 標榜精緻包裝，皇室朱古力，對象是一班有消費力，懂得欣賞其美感體驗的顧客，相反 M&M's 價錢相宜，把朱古力人性化，旨在吸引小朋友。

GODIVA 一直以優質精美的朱古力吸引一班固有消費者。由於其價錢昂貴，顯出了高檔消費的排他性。[11] 在商言商，為了開拓新市場、擴展業務，GODIVA 已開始進軍大學生市場！例如原有的 VIP 制度需要顧客購物滿2000元才可有九折優惠，但筆者在又一城的 GODIVA 分店，只需購物滿1000元便可享有同樣優惠，而且折扣更適用於新加坡及台灣的 GODIVA 專門店。生產商應是認為大學生未來消費能力不弱，因而從他們年輕時已開始培養他們對品牌的認同。除此之外，GODIVA 最近推出了珍珠型輕便裝朱古力，切合不少青年人隨身攜帶朱古力習慣，再一次肯定它逐漸走向年青人路線。

突圍策略：Co-branding

論到 GODIVA 朱古力從年青人市場突圍，不得不提它與 agnès b. 的夥伴品牌策略。Agnès b. 是法國品牌，歷史就只有短短30年，[12] 一直都以簡

約剪裁及款式的手袋、服裝為主打。創辦人熱愛音樂、電影與藝術，故此其專門店有唱片和影片出售，是少有的品牌特色。可見 agnès b. 的品牌對象都以年青一輩、愛聽流行曲、追捧服飾潮流的人為主。在2007年，agnès b. 更首度推出朱古力，但絕對不是普通的朱古力條、朱古力豆這麼簡單。其種類款式和 GODIVA 相類似，分有多種口味、口感、外觀與包裝，當中最特別的產品莫過於「loose weight」朱古力，[13] 迎合年輕女性「keep fit」的主張。其服務方面，包括個人化的朱古力選購，包裝 (包括商務禮盒，所有包裝都清析印有 agnès b. 字樣)。店舖方面優雅為主，古董味濃，木製陳設、柔和燈光和黑白色的法國風景照，顧客走進店舖，像置身於法國小鎮。

產品類似，意義不同

單從朱古力的款式、包裝，實在難以比較 GODIVA 及 agnès b. 反映出的不同消費文化，當我們從兩個品牌的背景着手，便分辨兩個品牌裡所扮演的不同角色。

GODIVA 的吸引力除了在於其獨特美感，歷史悠久更是信心保證，朱古力是品牌主打。相反 agnès b. 歷史尚短，以衣飾打出名堂。在服飾項目取得卓越成就的時候推出朱古力，是進一步進入其品牌支持者的消費模式，以求照顧消費者衣飾以外的消費目的，如送禮。一方面 agnès b. 原本已有一批支持者，而當他們有送禮需要時，因對其品牌文化認同，甚至牽涉其他原因 (前文提到的炫耀、傳情達意目的)，都驅使他們選擇它的朱古力。這增加了它的利潤之餘，又強化了消費者對品牌的推崇，進一步鞏固了品牌在市場的地位。

透過送禮，agnès b. 的支持者還可把它的品牌向更多人宣傳，即使不是其顧客，收受禮物後都能接觸其產品—朱古力。借助朱古力，有機會令更多人認識它的產品，擴充市場。送禮文化 (提供商務禮盒) 還有助其消費者打進新而較高層次的圈子。

話說回來，agnès b. 為何會選擇推出朱古力而不是其他食品？筆者相信，其一是朱古力已經成為我們一般送禮的不二之選；另外，市面上雖有不

少的高檔朱古力，高檔而年輕的卻甚為罕有，agnès b. 朱古力正好吸納這群年輕而追求高檔，「潮」的顧客。

總結

GODIVA 從高社會地位的對象延至年輕階層，agnès b. 則從較年輕路線銳意發展至上流社會。相信後者要像前者成為傳統高級朱古力還需一段長時間，讓大眾建立信心。agnès b. 的例子說明了高檔次朱古力不一定是傳統品牌朱古力的專利，朱古力市場競爭勢必愈來愈激烈。朱古力對品牌的意義變得多元化，這對於消費文化有何衝擊？請拭目以待！

註釋

[1] Sophie D. Coe & Michael D. Coe著，蔡珮瑜譯 (2001)，《巧克力——從土法煉製的馬亞冷飲幻化成甜蜜的愛情信物》(The True History of Chocolate)，台北：藍鯨。

[2] 維基百科－巧克力，http://zh.wikipedia.org/wiki/%E5%B7%A7%E5%85%8B%E5%8A%9B。瀏覽於2007-12-9。

[3] Chocolate Gifts from Godiva －「巧克力的製作過程」，http://www.Godiva.com.hk/TC/about/howmade.asp。瀏覽於2007-12-9。

[4] Chocolate Gifts from Godiva －「Godiva專門店」，http://www.Godiva.com.hk/TC/boutique/default.asp。瀏覽於2007-12-9。

[5] 劉維公 (2006)，《風格社會》，台北：天下，見第九章，頁239至261。

[6] 同上，頁 211。

[7] 同上，頁 144。

[8] 同上，頁 150。

[9] 同上，頁 151。

[10] 同註 (5)。

[11] 同上。

[12] 維基百科－Agnès b.，http://zh.wikipedia.org/wiki/Agn%C3%A8s_b。瀏覽於2007-12-8。

[13] Agnès b. - DELICES!!，http://www.agnesb-delices.com. Accessed on 2007-12-8.

郭家怡

時尚與
身體消費●

第八章。

解構

《Milk》恰日、時尚、消費

漆朗謙

解構《Milk》——哈日、時尚、消費

隨著香港迅速的市場經濟發展和開放的市場環境，面對全球一體化和知識型新經濟浪潮，香港為了配合國際市場的需要，社會漸漸地需要面臨轉型來解決其「邊緣化」的危機。而青少年在這段期間，面臨著角色定位和身份認同的問題，受到其主流文化的召喚。這種主流文化更多的表現在經濟方面、廣告的誘惑、消費社會的壓力等，形成了一種集結性的力量，足以將其青少年格式化，成為社會需要的樣子。[1] 面對這樣的召喚，有些年輕人會認同其主流文化，卻有些年輕人會抵制或逃避。這些青年人雖然渴望確立自己的身份，但不願意進入成人社會的既定軌道。在這種情況下，年輕人不自覺地尋求一些抵制或擺脫成人社會的途徑和有歸屬感的東西，從而消除其焦慮或困惑的情緒。[2] 因此，青年次文化 (youth subculture) 隨之而出現。

青年文化是一種年青人為了有別主流而創立和劃分出的一種次文化 (subculture)，有人將其稱為「反文化」，以示青年文化偏離、排斥、對抗「成人文化」或「主流文化」的總體狀態。[3] 青年文化的成因是因為年青人在童年期之後，對於必須承認並接受那些自己感到陌生、與自己不同的東西，感到矛盾、缺乏安全感，時時為緊張和焦慮所困擾。因此他們靠自己所塑造的獨特文化，來對抗和擺脫成年人主流文化的束縛。所以其文化是以 「叛逆」為主要色彩。[4]

青年次文化在香港漸漸地冒起及興盛起來，各種不同類型的文化中介人 (cultural intermediaries) 相繼廣泛地出現。這些文化中介人透過賦予產品與服務特定的意義與生活風格及教化消費者審美觀念和獨特品味，讓消費者產生認同，進而刺激消費。然而在各種不同文化中介人之中，《Milk》可算是在其雜誌業內數一數二的成功例子。

《Milk》的背景

《Milk》是一本新世代的生活時尚及潮流雜誌,在2001年7月由香港中建電訊主席麥紹棠的長子麥俊翹在香港創立。它除了詳細介紹全港一周之內的潮流趨勢、消費文化外,還會加入建築、設計、時裝、藝術、繪畫、書評等豐富內容。它不但很快把發行量達至十萬本,而且從內容到內頁設計、排版方式、文章風格,甚至拍攝的風格也成為了很多潮流雜誌的模仿對象。[5] 到底為什麼《Milk》能引起了世界各地時尚圈子的注目,成為了現在青少年的潮流指標?在這篇文章裡,筆者會嘗試從消費文化理論的觀點,分析《Milk》如何成功利用青年文化打造新潮流。

《Milk》的主旨

《Milk》於其官方網頁申明,雜誌的主旨是為了「希望打破香港以娛樂為主的雜誌風氣」,「透過介紹最新海外,如英美、日本的消息,令讀者團員可以增進不少香港以外的知識,令大家大開眼界…希望讀者團員都可以在Milk雜誌中尋找自己的個人風格,甚至是接收更多嶄新的新意念」。[6] 由此可見,《Milk》利用了青年人想追求的自我獨特的心理因素,將其雜誌打造成一個非主流的先鋒者。從不斷給予讀者各種各類次文化的新資訊和概念,令他們能從中積極去尋找到及建立自我獨特的生活風格。正因如此,它漸漸地成為了現在青少年必備的潮流刊物和指標。那麼,《Milk》是以什麼方式去表達和營造其雜誌的獨特潮流文化風格?

消費導向品牌

《Milk》雖然內容包羅萬象,如新潮服裝、球鞋、公仔等年輕人熱愛的潮物,但其風格主要著重於介紹日本裡原宿潮流文化和東京街頭流行服飾,如日本領導潮流品牌 BAPE、Undercover、Beams 等,其中以日本原宿龍頭品牌 BAPE 最為顯著。BAPE 這牌子的全名名為「A Bathing Ape in Lukewater」,雖然它主是設計T恤,而且價錢亦很昂貴,但是由於其設計獨特和限量發售,所以它非常受潮人的歡迎。相

比 BAPE，Undercover 的反叛解構、顛覆性設計也非常受人注目，如將褲變裙、牛仔褲變晚裝的反轉時裝和反戰等大膽又創新的設計，將「裡原宿文化」推向國際市場，使其技驚四座之外，亦得到不少潮人的追捧。[7]

從以上《Milk》所選取推廣的潮流品牌裡，其共通點不單止都是設計新潮獨特的品牌，而是它們都是一些「消費導向品牌」。「消費導向品牌」的思維主要是專注於為消費者帶來想要擁有的強烈消費體驗，使品牌以「質感」的優質感受為特色，營造其品牌的獨特美感。其以創造消費者的認同感和美感，令其品牌變成消費的動力來促發消費力。由於品牌必須要能夠製造美感體驗，從而能夠釋放出巨大的美感能量來吸引消費者。因此《Milk》透過向讀者們推廣和放送其品牌產品及其情報，例如日本流行文化領導品牌獨家專訪和代言人物的傳奇之外，還會略述其產品的背景資料、設計師的生平等，讓消費者對其品牌產生認同感，從而強烈感受到其品牌的價值。[8]

《Milk》本身從中也透過推廣品新潮獨特其品牌產品，不斷地灌輸消費者其雜誌代表的非主流潮流文化。將其雜誌的內頁設計、排版方式、拍攝風格輸入高能量的美學品味元素，表現出其風格的「差異性」，從而突顯其雜誌想營造的獨特潮流文化風格。

青少年的文化中介人

《Milk》的消費群對象主要是新潮青少年，這是因為在這年齡階段的人們總是熱衷於用各式各樣的手段來獲得外界的一切信息，對未知的事物有無限的渴望，而且他們也是一群敏感而最具潮流觸覺的人。因此，《Milk》一直不斷地提供年青人所關心的新潮事物和所渴望的得到的潮流資訊，從而滿足年青人的求知慾之外，還給予年青人有選擇自己所追求的個人獨特風格生活。

《Milk》在廣告方面，作為一個文化中介人，以「廣告就是內容，內容就是廣告」作為它的經典雜誌風格路線。[9] 除了在每篇時尚品牌和商品裡引用華麗而具美學體驗的內頁設計來介紹其具美感的品牌商品，及其販賣的地點說明、價格和觀點外，也會簡略講述其商品的背景故事、設計概念、風格和作風，使讀者認知到其消費產品裡所載搭的符號意義。[10] 它也利用一些名模、藝人明星或潮人將其商品「加工」，將他們的形象轉輸入到物品身上，讓這些物件得以流行成起來。讀者購買這些時尚產品時，亦有以本身的觀念去對這些符號進行解讀與詮釋。所以，《Milk》的資訊交流是多方面互

動的，它就是透過不斷地追尋意義、創造意義和賦予意義，吸引青年人購買其雜誌，去體驗其介紹的消費產品裡的符號意義，再從而找到適合自己的生活風格。[11]

《Milk》除了運用其文章內容來吸引青年人外，它也利用一些歌手、DJ，如 I Love U Boyz、黃偉文、森美等，作為文化中介人來宣傳其雜誌所推廣的品牌。DJ 在其節目或專欄 (如黃偉文每期連載的《WYMAN LABELING》專欄) 講述他們追求一些潮流品牌商品裡的心路歷程和感受的時候，將其潮流品牌的文化曝光之外，亦間接地透過這些意象賦予其商品符號意義。DJ 也透過傳達其意象告知聽眾他所主張的品味，使其符號意義得到更多人的認同，增強其符號意義既有的優勢。青少年為了想了解到其作為潮人代表人仕對那些潮流品牌商品的主觀感受與主張，從而聽這些 DJ 的節目。他們也為了想體驗到那些潮流品牌商品內裡的符號意義，從而購買《Milk》來閱讀。在這利益相同的情況下，《Milk》與其他文化中介人不但形成了一個雙贏局面，還使品牌裡的美感和符號意義能夠得以散播及傳達。

總結

在香港這種有別於主流文化的「青年次文化」興起和現今香港青少年的崇日文化及其嗜好和興趣之下，《Milk》成功將其雜誌打造成一個新獨特潮流文化風格的時尚刊物。透過利用一些日本領導潮流品牌和歌手、DJ，以及提供讀者其品牌的背景資料，從而希望讀者能透過意象表達和美學體驗，把個人的態度和生活風格表述出來。《Milk》也不但不斷地透過多元化的渠道，如 Milk Club、網上論壇、網誌和各種次文化活動等，增加及增強更多人對雜誌風格的認同之外，也不斷地尋找世界各地一些具美感的獨特潮流品牌和給予讀者一些新獨特潮流文化概念，使其雜誌能夠繼續建立和持續雜誌的風格。

註釋

[1] 夏海淑 (2007)，新浪網－〈當代青年：從憤怒到遊戲了〉(轉載自《環球》雜誌，2007-9-15)，
http://magazine.sina.com.hk/globe/20070915/2007-09-27/ba40321.shtml。瀏覽於2007-11-21。

[2] 劉培 (2007)，國際在線－〈"火星文"只是青年亞文化的"洋涇"〉(轉載自《新京報》，2007-8-7)，
http://big5.cri.cn/gate/big5/gb.cri.cn/9083/2007/08/07/2165@1707301.htm。瀏覽於2007-11-21。

[3] 青年文化－維基百科，http://zh.wikipedia.org/w/index.php?title= %E9%9D%92%E5%B9%B4%
E6%96%87%E5%8C%96&variant=zh-hk。瀏覽於2007-11-21。

[4] 《新聞午報》－〈聚焦青年亞文化現象：身份認同危機下的抗拒〉(轉載自《新聞午報》，2007-9-8〉，
http://web.xwwb.com/wbnews.php?db=11&thisid=105846，瀏覽於2007-11-21。

[5] Citymagazine－「四地專題，流行情報達人」，http://www.cityhowwhy.com.hk/content/355/c01.html。
瀏覽於2007-11-21。

Blues (2006)，Yahoo!奇摩時尚－〈探訪超人氣週刊秘密基地 Silly Thing Republic〉，
http://tw.fashion.yahoo.com/article/url/d/a/060920/2/1fe.html?pg=1。瀏覽於2007-11-21。

Milk Magazine Official Website，http://www.milk.com.hk/aboutus。瀏覽於2007-11-21。

[6] 同上，見Milk Magazine Official Website。

[7] 同註 (5)，見Blues (2006)。

[8] 劉維公 (2006)，《風格社會》，台北：天下，頁211至213。

[9] 奇虎珠海學生網－「milk >>>中意睇milk既請入」，http://jingyan.qihoo.com/jingyan_frame.html?
dest=http%3A%2F%2Fwww.zh4u.net%2Fread.php%3Ftid%3D50275%26fpage%3D8&title=milk+%D6%
D0%D2%E2%ED%FBmilk%BC%C8%C7%EB%C8%EB%21&rnum=13&vnum=162&kw=Milk%EBs%D5I%
CE%C4%BB%AF。瀏覽於2007-11-21。

[10] 同註 (8)，頁151至153。

[11] 同上，頁168至170。

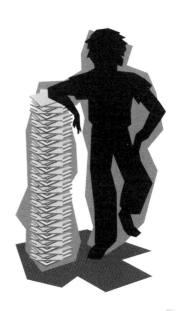

第九章。

選美——
男女身體的商業考量

何瑞希

選美——男女身體的商業考量

引言

七、八十年代的選美活動是香港每年的盛事，參選的佳麗質素高且能充分表現東方女性美，不少人以參選香港小姐為目標。現今選美活動已淪為雞肋，吸引力已經大減，製作單位使出層出不窮的方法想增加收視，反而令節目漸落俗套。究竟當代選美活動的問題何在？選美活動的價值又何在？

選美的價值何在？

選美活動自1854年發源於美國，[1] 一直以來為女性主義者所詬病，她們從不同方面對選美活動作出猛烈批評，指選美不但是審美的趨同和個性美的失落，更是對女性尊嚴的歧視和侮辱，在現今男女日趨平等的文明社會，應該取消選美。[2] 1988年6月，美國聖塔克魯茲小姐 (Miss Santa Cruz) 美雪安德遜 (Michelle Anderson) 在參與加州小姐競選 (Miss California) 總決賽時，突然高舉一張寫有「選美活動損害所有女性」("PAGEANTS HURT ALL WOMEN") 的橫額，[3] 抗議選美這類活動利用女性身體大做文章及對女性不平等。[4] 究竟選美活動的存在，是否正如一些女性主義者所說缺乏正面價值呢？筆者認為，事實並非如此。

那些女性主義者不斷提倡男女平等，究竟怎樣才稱得上是「平等」呢？是否今後男女獲得完全相同的待遇就是「男女平等」呢？男女大不同，生理如此，外觀亦然，要做到男女完全對等根本並不

實際。「平等並不需要相同，平等乃是讓各人的不同獲得充分發展的基礎」。[5] 選美活動的本義，並沒有存在任何男女不平等給貶低女性之意。「現代選美，不僅僅是外在容貌美，體態美方面的競賽，更是高層次的內在心靈美的選拔」，[6] 參加者不但要「美貌與智慧並重」，更需要在品德及修養等方面達至高水平，這對人性的美定下了很好的標準。選美更是參加者「對傳統世俗觀念的挑戰，對自身價值的肯定」，[7] 當她們在台上盡情表演自己的才藝，肯定地回答司儀的問題時，我們可以看見她們臉上那自信的笑容；當觀眾向她們報以熱烈掌聲時，更是對她們的價值作進一步的肯定。所以選美活動的存在，是有一定程度的正面價值。

《香港小姐競選》自1973年開辦至今，已有超過30年歷史，是香港最具代表性的選美活動。舉辦《香港小姐》是為了選出一位女性，代表香港參與國際性選美賽事，及成為「香港親善大使」出外宣揚香港。[8] 多年來由《香港小姐》產生的知名人士多不勝數，如「十大傑出青年」張瑪莉、熱心公益的朱玲玲和影后張曼玉等，她們都對社會貢獻良多。而歷屆香港小姐更在1982年創立「慧妍雅集」，積極參與慈善及公益事務，[9] 她們希望可以透過香港小姐的知名度及影響力貢獻社會，可見選美活動能夠選出外在美與內在美兼備的佳麗，及對社會帶來正面的影響。

從選美到「性物化」

選美活動存在的正面價值不容置疑，但從《香港小姐》近年每況愈下的收視率可見，[10] 觀眾開始對太過因循的比賽項目厭倦，製作單位為求增加新鮮感，不惜渲染暴露，將節目的焦點放於佳麗的身材上，以物化女性來製造話題，令選美活動開始變質，與選美精神背道而馳。

性物化 (sexual objectification) 是指將一個人物件化，當一個人被視為一件性物件，人的性徵及身體的吸引力與人性分開成為一個獨立個體，及淪為其他人歡愉的工具，就是性物化的表現。[11] 從近年的《香港小姐》可見，製作單位將女性物化的過程是這樣的：首先，把參加者看待為滿足觀眾欲望的物件；然後，製作單位想讓參加者有某些性質，便會致力使她們具有那些性質；最後，相信參加者具有那些性質及認為那些性質是自然而有的。[12]

七、八十年代的《香港小姐》，泳裝環節並不多，參加者的衣著配合比賽，問答環節是穿著晚裝而非現在的泳裝，這些安排都是大會尊重選美精神

及參加者的表現。近年《香港小姐》泳裝環節的衣著越來越暴露，如果說這是要充分表現女性的體態美，這種說法恐怕有些牽強，難道一件簡單的泳裝不能表現女性的身段，而非要暴露不可？如果說較少布的泳裝比一件簡單的泳裝好看，為何近年《香港小姐》的泳裝屢被批評似內衣呢？[13] 似乎泳裝環節已淪為製作單位一個吸引觀眾的工具。1994的《香港小姐》決賽，泳裝環節以 3D 立體畫面製作，並呼籲觀眾以 3D 立體眼鏡欣賞，製作單位聲稱是要營造佳麗破鏡而出的效果，[14] 但恐怕這只是一個藉口，而實際上是要刻意賣弄佳麗的身材以增加收視率。2003年的《香港小姐》決賽，製作單位安排佳麗在短短兩個小時的節目內，五度穿著泳裝出場，是歷屆泳裝環節的紀錄，[15] 同樣地，這令人覺得製作單位要靠佳麗賣弄性感來爭取收視。

《香港小姐》一直強調女性「美貌與智慧並重」，如今卻反其道而行之。製作單位為求賺取高收視帶來的豐厚收入，不惜違背選美精神，利用參加者來製造話題，甚至要她們出醜人前，目的都不過是為了吸引更多的觀眾。查小欣曾經就現今選美的製作手法作出批評，她表示「電視台本身會採取一些策略，比如製造港姐之間不和的消息、公開港姐的醜態、

在節目過程當中特意讓一些選手出醜，在問答環節出現一些很白癡的回答等等。可能觀眾會覺得這些選手質素很差，水平很低。但作為電視節目來講，豐富了娛樂性，目的就達到了」，[16] 可見參加者已被物化為製作單位爭取收視的棋子，跟選美的本義越走越遠。

傳媒作為性物化的催化劑

除了製作單位之外，傳媒的渲染更是催化選美活動的性物化。基本上，傳媒的責任是要將事件如實報導，但現今的傳媒在報導《香港小姐》選美的新聞的取向，已經超出一般新聞的範圍。他們一方面以人身攻擊、惡意挖苦的手法去品評佳麗的身材，例如取笑她們「肋骨大過胸」，或給她們取一些難聽的綽號；另一方面以揭佳麗的隱私為目標，無所不用其極，偷拍之餘更在佳麗住所的垃圾箱搜尋她們的個人用品，[17] 目的是為了引發觀眾的好奇心，吸引更多讀者。在傳媒的不斷渲染下，觀眾對選美的著眼點只會流於佳麗的身材、隱私等陰暗面上，而忘卻選美的真正意義。

《香港先生》：男人新主義，還是女人的報復？

香港的男性選美《香港先生選舉》是以選美將性物化的另一例子。《香港先生》打著「創造男人新主義」的旗號，[18] 聲稱要選出一個當代男性的代表，但實際上又是「掛羊頭賣狗肉」，此節目現場不論司儀、評判或觀眾只准女性參與，製作單位要求參加者不斷搔首弄姿以討好觀眾，問答環節充斥著性話題，明顯是利用男性選美將男性物化，以吸引觀眾收看。男性選美的崛起，是因為女性主義者反對單方面選女性的「美」，她們主張選男女雙方的「美」，即是以男女兩性身體的物化來取代女性身體單方面的物化，[19] 所以《香港先生》的出現，是為了迎合女觀眾而製作的。另外，製作單位利用了女性不甘於「被看」的心態，因為「一直以來，女性往往被物化，是男人主觀慾望的投射對象」，[20]「男人理直氣壯地審視女人，女人只能被動地看著自己被審視，[21] 所以女人一直希望有機會角色互換，反客為主，從被看者轉化成看他的人，將男人轉化為被看的對象，亦即是説，《香港先生》舉辦的真正目的並不是要選出一個當代的男性代表，而是要討好女性，甚至是給她們機會對男性作出報復。

男女的審美標準其實並不一樣，一直以來女性教人欣賞的首先是她們的外貌，[22] 這是傳統男權社會的價值；而男性教人欣賞的是他們的內涵、成就，[23] 這解釋了女性選美較男性選美受落的原因。內涵和成就是量度男性美的單位，但現今的男性選美只取男性的外貌、體態，大多只可以稱為「健美先生」，而非「香港先生」。

選美的反思

當代選美受到很多外來因素如收視率、贊助商等影響，以致損害了選美的獨立性，很多時為了迎合觀眾的口味而影響了節目的整體質素。選美精神應該是神聖、莊嚴的，應該是能夠體現人性的美，而不是利用選美去達到某種目的，更不應利用選美去將性物化以製造話題。七、八十年代的《香港小姐》證明香港是有能力製作高質素的選美活動，為何現今的選美會淪落至此呢？這值得我們深思。

註釋

[1] 方剛、阿鴻 (1995)，《選美衝擊中國》，北京：中國文聯，頁258。

[2] 李瑤 (1994)，〈選美在現代文明包裝下〉，載於孔智光編，《中國當代選美潮透視》，北京：
     中國工人出版社，頁1至5。

[3] Youtube -〝Miss California 1988 Crowning Controversy〞, http://hk.youtube.com/watch?v=jcVwSfTJt2w,
     Accessed on 2008-5-6.

[4] 同註 (1)，頁263至265。

[5] 呂秀蓮 (1990)，《新女性主義》，台北：前衛，頁160。

[6] 牛玉潔 (1994)，《中國當代選美潮透視》，北京：中國工人出版社，頁165至169。

[7] 同上。

[8] on.cc新聞專輯－「港姐始終有你」，http://specials.on.cc/misshk2007/history.html。瀏覽於2008-5-7。

[9] 慧妍雅集－「簡介」，http://www.waiyin.org.hk/b5/profile.htm。瀏覽於2008-5-7。

[10] 明報OL網－「回歸後《港姐》收視比較」，http://ol.mingpao.com/cfm/Archive1.cfm?File=20070724/
     saa01/maa2.txt。瀏覽於2008-5-19。

[11] Sexual objectification - Wikipedia, http://en.wikipedia.org/wiki/Sexual_objectification.
     Accessed on 2008-5-7。

[12] 文潔華 (2005)，《美學與性別衝突：女性主義審美革命的中國境遇》，北京：北京大學，頁30至32。

[13] 南方網－「港姐泳衣：從粉色碎花到黑色內衣」，http://big5.southcn.com/gate/big5/ent.southcn.com/
     yulefirst/200208130510.htm。瀏覽於2008-5-20。

[14] 同註(8)。

[15] 〈父親上台撕機票許勝不許敗2號曹敏莉連奪四獎摘港姐后冠〉，《蘋果日報》，2003-8-24。

[16] 《南方日報》－「首個獎項前晚中山出爐 港姐美貌不夠卻頻出醜」(轉載自《南方日報》，2006-7-25)，
     http://www1.nanfangdaily.com.cn/b5/www.nanfangdaily.com.cn/southnews/newdaily/yl/200607250058.
     asp。瀏覽於2008-5-20。

[17] 張月，傳媒透視－「香港娛樂新聞的狗仔隊革命」，http://www.rthk.org.hk/mediadigest/md9906/04.htm。
     瀏覽於2008-5-20。

[18] 維基百科－香港先生選舉，http://zh.wikipedia.org/w/index.php?title=%E9%A6%99%E6%B8%AF%E5%
     85%88%E7%94%9F&variant=zh-hk。瀏覽於2008-5-20。

[19] 李銀河 (2004)，《兩性關係》，台北：五南圖書，頁146。

[20] 李仕芬 (2000)，《女性觀照下的男性：女作家小說析論》，台北：聯合文學，頁11。

[21] 同上，頁12。

[22] 王曉驪、劉靖淵 (2001)，《解語花：傳統男性文學中的女性形象》，石家莊：河北人民出版社，頁77至80。

[23] Yahoo!友緣人－「最吸引異性的特質」，http://hk.promo.yahoo.com/personals/polling。
     瀏覽於2008-5-20。

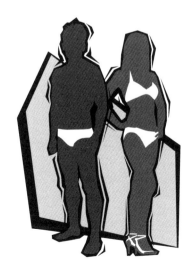

第十章。

中性美的興起與肌肉健美的衰落：

從《香港先生》到《加油！好男兒》看中國社會男性形象的變遷

簡潔瀅

中性美的興起與肌肉健美的衰落：從《香港先生》到《加油！好男兒》看中國社會男性形象的變遷

《香港先生》與《加油！好男兒》是兩個截然不同的男性選美節目。前者是香港地區性、小規模的選美節目，後者是全國性、大規模的選美活動。但論及兩者最大的差異，莫過於**兩個節目分別所注重的男性形象**。

顧名思義，《香港先生》旨在選出一名「先生」，「先生」意指具有男人味、成熟的「男人」；整個節目以男性健美的體魄來表現其男子氣概、成熟（的身驅）的形象。反觀《加油！好男兒》，它旨在選出一位「男兒」，「男兒」給人的印象是不成熟、男性特徵不明顯，外貌清秀、身型瘦弱、皮膚白皙，令人「雌雄莫辨」，這正正反映了「好男兒」普遍的中性形象。

然而，《香港先生》所注重的肌肉健美的男性形象已不再是主流；《加油！好男兒》的中性美才是新興的趨勢。以下我會論述肌肉健美的衰落與中性美的興起的現象和成因，並就著較保守的內地能有中性男士的選美而較開放的香港沒有同類選舉作出討論。

首先，要探討肌肉健美在中國社會的衰落必須先追溯其從前受歡迎的原因。中國自古為農耕社會，務農需要力氣，而強壯身體能保證一家溫飽（「男」＝「田」＋「力」）。故此身型健碩代表了一定的經濟能力。縱然社會變遷，但中國社會仍有祖先遺留下來對男性體形的深層記憶。另外，男性健碩的身型給予女性一種安全感，令她們覺得被保護；這解釋了在一些女性需要依附男性的時代，肌肉型、陽剛味重的男士較受歡迎的原因。同時，中國社會亦受到西方健美明星、電影的影響，如早年西方的肌肉英雄電影《帝國驕雄》等在香港、內地熱播；又如阿諾舒華辛力加、史泰龍便是西方肌

肉男的代表，他們在中國社會也有一定的知名度，健美的肌肉更成為一時的男性形象標準。

《香港先生》並不是香港第一個的男性選美活動，早在1986年，亞視已舉辦《香港電視先生》選舉，並在1998年更名為《香港男士競選》，在2005年時，亞視舉辦了首屆也是唯一一屆的《亞洲先生》；而在同年，無線電視才首次舉辦《香港先生》。與其說標榜肌肉的《香港先生》的舉行是迎合社會對肌肉型男士的喜愛，不如說是商業決定更為貼切。《香港先生》舉辦的目的，明顯是為已經對《香港小姐》審美疲勞的觀眾帶來一些新鮮感，從而提高收視，並與《亞洲先生》對撼。

但由於經濟、社會模式的改變，《香港先生》所強調的肌肉型的審美標準已經式微；從其收視與媒體的評價可窺一二。2007年《香港先生》的收視平均23點（約150萬觀眾收看），最高26點；而2006年的平均收視為25點。[1] 這個數字不止反映《香港先生》的收視下跌；若與全盛時期的《香港小姐》比較 (如1997年的38點收視)，《香港先生》的23點收視真的與之有天淵之別。這150萬的觀眾，有慣性收視，也有話題炒作、宣傳，吸引觀眾來看看這新鮮的節目，當中更有不少觀眾是為了看那些狂熱的女性評判及現場觀眾而收看的；因喜愛肌肉型男士而收看《香港先生》的觀眾反而佔少數。對於《香港先生》的參賽者，不少報紙雜誌及網民都對他們的作出負面評價，如星島日報在2007年6月18日的「騎呢筋肉人」及8月17日的「身材易得，口才難求」等等。[2] 事實上，大多數香港女性不會將身型納入擇偶的最主要條件。香港電台電視部委託香港城市大學社會科學部進行一項名為《情人節－女人多自在？》的調查，[3] 調查結果只有10%的女性會將「高大威猛」作為主要的擇偶條件，可見肌肉健美型男士已不是香港女性心目中的那杯茶。

肌肉健美形象的衰落原因可分為經濟及社會兩方面。由於現代知識型經濟掛帥，以勞力謀生的人被標籤為低下階層；多數肌肉型男士不是與「苦力」、地盤工人聯繫起來，就是被認為「四肢發達，頭腦簡單」，就好像《香港先生》被評為「身材易得，口才難求」。另一方面，現代女性社會地位提高，她們主張獨立不再依靠男人，肌肉型男士所提供的安全感對她們來說已不再吸引。

相反，以中性男生為賣點的內地男性選舉活動《加油！好男兒》受關注的程度極高，反映了具有中性味道的男子漸漸成為潮流的指標。《加油！好男兒》是東方衛視的重點節目，節目宗旨在於「選拔德才兼備的魅力男人，打造新一代時代青年形象」。[4] 所謂「新一代時代青年形象」，就是身型纖瘦、皮膚白淨、唇紅齒白的「好男兒」形象。該節目在2006及2007年連辦了兩屆，但由於種種原因，包括奧運會舉行在即的考慮，同類選秀活動於政府的壓力下在2008年全部停辦。2007年《加油！好男兒》總決賽的全國的平均收視率看似只有1.47%，[5] 但以中國13億人口計算，收看觀眾也接近2000萬人。雖然香港沒有此類標榜中性美的男士選舉，但中性的風氣仍吹到香港人群裡，以男性的潮流打扮服飾為例，其中不少都帶有中性的味道，如中長的頭髮、有花卉圖案或粉色的衣服、耳環、尖頭鞋等等，都成為不少「潮男」不可或缺的一部分。

朱步沖、於萍及劉宇在《"都市美形男"花樣盛開》一文指出：

2004年，全球第五大廣告公司 Euro RSCG Worldwide 在全美進行了一次名為"男人的未來"的調查，隨機抽樣了1058名成年都市男女，考察21世紀的人們對待男人的態度和男人自身對未來的期許。調查結果是："男人開始不介意向人們展示自己女性化的一面"，"在新世紀，男人們已經有勇氣改變人們心目中傳統男人的形象"。如果說是"西風東漸"，亞洲則是美形男更豐沃的土壤。從木村拓哉到 Rain，更加不能不提的是前幾年的花樣男子F4。根據《時代》週刊亞洲版的報導，目前男性化妝品每年在韓國的銷售額達到2000萬美元，占全世界總額的10%；日本男性平均每天花1/3的時間來關注修飾自己的外貌。2000年以前，內地市場上的男士化妝品僅有碩果一個：雅男仕，到2003年，從寶潔、聯合利華的男士基礎護理品，到俊士、倩碧、碧歐泉的男士專業護膚品，已經隨處可見；而不論哈韓還是哈日，我們見到了更多外表乾淨、漂亮的男孩。[6]

由此可見，中性美的興起主要是受日韓風氣影響，包括以中性美男子掛帥的日本 BL 漫畫、日韓偶像劇等等；而較為香港人熟悉的中性美男子應該是韓國電影《王的男人》裡的李準基了。擁有細緻肌膚、鳳眼、瓜子臉、溫柔氣質使李準基被譽為「韓國最美麗的男人」，他的中性形象深入民心，更有傳言指他的外貌成為男性整型的最新指標。[7]

另一方面，清秀的外貌與瘦弱身型使中性男生給人一種不成熟的感覺，令女性不自覺的想保護他們。有網民認為2006年好男兒馬天宇「舉止孩子

氣，在鏡頭前動不動就淚流滿面，惹得女性觀眾母愛氾濫」，[8] 認為女性觀眾不是在選好男兒而是選好兒子。柔弱、幼稚的男性形象使女性感覺不受威脅，就正如《音樂週刊》對好男兒的評價：「溫順而毫無威脅性的小美男」。[9] 在女性社會地位日高的情況下，中性的男子似乎更深得這群「女強人」的心。

但亦有性學家指中性的風潮是男人自身衰弱造成的。中國著名性學家李扁認為：「男性外表的中性化跟女人審美無關，而是男人自身氣質衰弱所導致的。中國35歲以上的父親，是沒有贏得尊重的一代，在家庭中，父親形象矮化，而母親則不斷成長。傳統父親形象的倒掉，呼喚新的男人氣質。中性氣質來替換傳統的陽剛氣質，究竟是總結還是過渡，還不好說。但我個人認為至少是進步，與父輩那種外強中乾相比，更加真實，起碼外表沒有欺騙」。[10]

但無論如何，中性美的興起是無庸置疑的。最後，我希望以一個問題作結：中性的男性形象是一股新興的風潮，但為什麼內地能有中性男士的選美，而被普遍認為較開放的香港卻沒有同類選舉呢？這大概是因為中性打扮的李宇春 (2005年度超級女聲總冠軍) 受眾多粉絲的追捧，大受歡迎，令媒體覺得中性形象大有市場價值、有利可圖，才會有東方衛視等等的電視台舉辦以中性男子為賣點的男性選舉。雖然中性形象在香港亦大行其道，但暫時未有一位十分成功的中性男藝人的出現 (張國榮是雙性美而非中性美)；只要一旦出現一位成功的「樣板」，以中性美為賣點的男性選舉極有可能在香港出現。以上只是一些粗略的構想，要細緻分析中性男士選舉未在香港出現的原因，恐怕要以待來者了。

註釋

[1] Yahoo! 新聞-「《港生》被斥似舞男表演 全女班評判涉歧視」(轉載自《明報》，2007-8-14)，
http://hk.news.yahoo.com/070813/12/2di60.html，瀏覽於2008-5-20。

[2] Yahoo! 新聞-「香港先生秉承傳統睇得唔 Talk 得」(轉載自《星島日報》，2007-8-18)，
http://hk.news.yahoo.com/070817/60/2dv9u.html。

Yahoo! 新聞-「港男騎呢複試 筋肉人鬥 A 貨 混血男踢腿掃低翻版 Rain」
(轉載自《星島日報》，2007-6-19)，http://hk.news.yahoo.com/070610/60/29m1l.html。

瀏覽於2008-5-20。

[3] 香港電台-「『情人節-女人多自在？』問卷調查」，
http://www.rthk.org.hk/press/chi/attach/survey_results_RTHK.htm。瀏覽於2008-5-20。

[4] 百度百科-加油！好男兒，http://baike.baidu.com/view/329530.htm。瀏覽於2008-5-20。

[5] 第十行星-「快樂男聲 加油好男兒 收視率」，
http://hi.baidu.com/beishengyaoyao/blog/item/af6c6f08db468832e92488a1.html。瀏覽於2008-5-20。

[6] 朱步沖，於萍，劉宇，中國網-「"都市美形男"花樣盛開」，
http://www.china.com.cn/chinese/feature/1055948.htm。瀏覽於2008-5-20。

[7] PC Home 電子報-「韓國最美麗的男人-李準基」，http://epaper.pchome.com.tw/archive/last.
htm?s_date=old&s_dir=20060731&s_code=0328&s_cat=#c519738。瀏覽於2008-5-20。

[8] 百度-「好男兒＝花樣男？」(轉載自四川新聞網-樂山晚報訊)，http://tieba.baidu.com/
f?kz=115365387。瀏覽於2008-5-20。

[9] 天涯社區-「青春少年是哪樣紅？娛樂新秀十大紅人大會診」(轉載自《音樂週刊》)，http://www.tianya.
cn/publicforum/Content/funstribe/1/67807.shtml。瀏覽於2008-5-20。

[10] 曲筱藝，新銳評論-「時尚與娛樂製造摩登中性男」(轉載自《新京報》)，http://www.lanyu.net/wenxue/
tongpintianxia/200706/wenxue_20070611012402_2.html。瀏覽於2008-5-20。

第十一章。

男人的身體，女人的符號：

日本美少年的「鏡像」與消費

姚偉雄

*特此鳴謝「松本靜」、「南瓜阿翎子」(化名)及「塵沙沙」(筆名) 為筆者講解消費及閱讀美少年作品的體驗與心得，令筆者對美少年文化大大加深了解。下文部份內容亦參考自筆者與兩人進行的訪談。

男人的身體，女人的符號：日本美少年的「鏡像」與消費

今天，與日本美少年 (Bishōnen) 相關的消費項目很多。其於近代社會的發蹟源於動漫畫，繼而立體化，形象套用於真人身上。俊美的少男偶像、狂野又雌雄莫辯的「視覺系」歌手，使娛樂事業財源滾滾來。潮流驅使之下，男士們亦爭相仿傚這些藝人的造型，時裝、髮型設計、男性專用的美容及化妝品都是龐大市場。在日本，美少年潮流甚至帶起一擲千金的男公關俱樂部；還助長了日式 GV (Gay Video)，即男同性戀色情電影的蓬勃發展。種種巨額生意，越是花多眼亂，我們又似乎越未搞清楚：美少年，究竟是什麼？

簡單去講的話，美少年就是「貌美的少年」。[1] 但此解釋與西方 (如古希臘) 定義下的美少年，或者再廣義的「美男」，看來沒有分別。其實，日本美少年有兩個互為表裡的方面：(1) 形象，及 (2) 表現，有著一直未能清楚解釋的地方。首先在形象上，日本美少年的「美」，給予人最直接的感覺，總是「像個女人」(或者以維基百科的術語去講，是「勝過性別的界限」)，[2] 但又不能說是變性人或中性人。與此同時，表現上，他們與 BL (Boys' Love，中譯「少年愛」) 結下不解之緣。然而 BL 又是一個弔詭的字眼。它是指兩名美少年之間的情愛 (以至性愛) 關係，但它卻不是直接等同於現實生活中的同性戀。[3] 為什麼女生會喜歡看美少年的 BL，甚至乎，可能像《我的腐女友》的腐女「Y子」主角那樣，把自己的男友幻想成「受君」，又鼓勵他去接觸 BL 的「男色」？[4]

攝影：姚偉雄

池袋便利店 Family Mart 門外，貼上新電視劇《花樣男子F》，及有關周邊商品的宣傳海報。

「女形」的奧義

...身穿異性服裝的演員 (因為女角色是由男性來扮演的) 並不是一個裝扮成女人的男孩子，其表演依賴上千種細緻的表情、逼真的手法以及奢華的模仿，但是那種純粹的施指符號——這種符號的底蘊 (即真理) 既不是秘藏著的...也不是偷偷摸摸地表現出來...乾脆是沒有的；那位演員的面部並不扮演女人或是模仿女人...而只是指代女人...在這種表現為符號而不是再現實體的表演中，女人是一種觀念，而不是一種自然體...西方的男扮女裝者想像成為一個 (具體的)女人，而東方的演員追求的只不過是把女人的那些符號組合起來而已。[5]

　　以上是羅蘭‧巴特 (Roland Barthes) 對日本傳統「女形」的描述。筆者回想到近年美少年偶像瀧澤秀明在電視劇《雪之丞變化》飾演的雪太郎，他在舞台上化身的「女形」美極了。瀧澤彷彿比一個女人更秀髮飄逸，唇紅齒白，身段纖巧，甚至，叫真正的女人也傾心。但這些並不表示他的女 fans 是喜歡女人或男同志。古代「女形」與現代美少年的原理相同：所謂「像女人」，不是變成／等於女人，而是載搭了女人的符號。的確，女人的陰柔氣質 (femininity) 可以化為符號。試看山下智久的招牌「嘟嘴」、赤西仁的柔滑胸堂，原本不正正是女模特兒使用的身體語言？其不正正像化妝品、護膚品那樣，由女性消費的領域軀移植過來嗎？[6]

　　從前，男藝人之所以動用到這符號去變身成「女形」，是因為女性不可上台演出。現在，美少年也是代工，他代替女生去尋找現實裡無法實現的夢想。

通識‧消費 II： 飲食‧時尚‧新媒體　91

Boys' Love——由社會背景到心理機制

　　讓我們回顧一下美少年文化如何在動漫畫的萌芽。據 Mark J. McLelland 的分析，日本是一個男尊女卑的社會，至少在過去一段很長的時間，日本漫畫文化把女性讀者的性 (sexuality) 作出壓抑。[7] 男性口味主導、剛陽味重的漫畫裡，男人是雄糾糾的英雄，角色也往往大多數是男性，而剩下來的女角，如 Anne Allison 所言，是千依百順的賢妻良母，[8] 又或者，表面上充滿 girl power 的女戰士，實際上是滿足男角 (及男讀者) 性慾的性感尤物。另一方面，自六十年代起，女性讀者導向的「少女漫畫」誕生。當中女性是故事主人翁，她們像公主般高貴美麗—— 但再高貴美麗，也是等待白馬王子拯救的白雪公主。性別不平等依舊潛伏於粉飾浪漫的愛情故事中，並且透過典型橋段不斷重複。[9]

　　漫畫世界的不足令女讀者的性被壓抑，形成了心理上的缺失 (lack)。美少年和它的 BL 主題，正是對應著這缺失，於漫畫世界進行補元。當男生看的「少年漫畫」擠滿硬漢，七十年代「24組」[10] 以降的少女漫畫家便另闢蹊徑，創造了溫柔爾雅的美少年；八十年代起的同人誌 BL 創作則把固有的動漫題材如《足球小將》、《機動戰士高達》的男角幻想成美少年；[11] 兩者同樣把女人的符號注入男角，以美少年代替女角去參與故事。當熱血男子漢們永遠是忠肝義膽的好兄弟，BL 裡的男角之間則隨時有產生愛情的可能。當少年漫畫與主流的少女漫畫的愛情只限於異性戀、合符法律及社會規範的婚姻方式與相夫教子，踏實的生活下去。BL 則開發了非異性戀的想像，它不是僅指同性戀，它是描述著絕對浪漫化、理想化的愛情，超越性別定位、不計較對方是男是女，不必考慮懷孕問題 (因為兩者都是男性)。[12] 連現實中的同性戀者也可能認為 BL 是不真實。[13] 綜合來說，這些補元是將主流漫畫的世界觀，作出了多個對比組合 (見下表)。

主流漫畫與美少年、BL 漫畫的世界之比較

	主流漫畫的世界	美少年及 BL 漫畫的世界
角色設定	「少年漫畫」男角為多；主流「少女漫畫」的男角亦是傳統英雄角色	美少年代替了女角，為故事注入陰柔氣質 (femininity)
男角間的情誼	純友情	可能產生愛情
愛情的方式	異性戀	非異性戀，如 BL
戀愛的目的	結婚、生子的現實	超越性別的愛，浪漫至上

對不喜歡美少年及 BL 的人來説,這些補元是一種顛覆;但對其愛好者來説,補元使原本傾斜於大男人主義及性別定型 (gender stereotype) 的主流漫畫世界,更趨多元化及完滿。與此平衡的是,主流漫畫裡女性的情感與性渴望是遭否定的,她們只充當滿足男性性慾及生兒育女的工具,變得物化、人格並不完整。唯美主義式羅曼蒂克,或是如「Yaoi」的強烈性幻想,都是填補這失落部份的元件。[14] 換言之,美少年身上的「女人的符號」,其實就是女生的自我的一部份。

拉康的鏡像理論:他者與自我,誤認與曖昧

鏡像——日本電視劇集《壁峰雙姝傳》(山おんな壁おんな)有一個很好的範例。劇中,伊東美咲飾演的百貨公司售貨員青柳惠美,向女顧客推銷名貴手袋時,有兩項招數。其一是把顧客拉到鏡前,使她陶醉於鏡中揹著手袋的模樣。其二更是「必殺技」,她以耳語對顧客進行「催眠」,説自己也有一個同樣的手袋。鏡子那揹著手袋的高貴模樣,女顧客認為是她應有的樣子 (所以必須買下這手袋來維持這份美態);售貨員所喜歡的,她認為自己也同樣喜歡 (甚至以為這是她原本的想法)。兩種外在的事物,正正構成了女顧客最內心的感受。

女生要透過一個他者 (other) —— 美少年,方能完成自我的建構。我們往往認為,「自我」就是產生自「自己」的身心之內 (兩詞的英文同樣是「self」)。不過雅克·拉康 (Jacques Lacan) 指出,人自出娘胎以來,便需不斷借助外在的「鏡像」去慢慢「組合」一個「我」。[15] 正如人無法單以肉眼去看到自己的樣子,必須透過如鏡子的媒介反射自己的影像,才可看清自己。而鏡像的所謂「鏡」,不僅指一面鏡子,周遭的人、機器等也是「鏡」(像《壁峰雙姝傳》的青柳惠美),他們對「我」説出的話、表現的神色、發放的訊息等互動反應,都是鏡像。[16]

美少年也是一面「鏡」。正如上文提到,女生將她的自我投射到美少年身上。情況就像一個人照鏡時,以鏡中倒影確認自己的模樣。傻呼嚕同盟的伊絲塔在《少女魔鏡下的世界》也提出過「情感代入」的論説。那麼它與筆者這裡所説的鏡像與有什麼分別?傻呼嚕的角度是以女生與美少年的共通點入手,去解釋如何進行「代入」。他們認為,現實的少女與漫畫中的美少年同樣是未成熟的,所以少女們可以代入;她們渴望像美少年那像永不成長,逃避長大成女人的命運。[17]

不過筆者認為，重點反而在於兩者的差異。首先，試想許多時我們照鏡，是為了看出沒有照鏡時看不到的地方（例如背部）。美少年雖抑止了男性的發育，但他的陰柔氣質反而可以比真女人還要圓熟。所以，少女在精神上並沒有停止成長；相反，她們是以代入漫畫世界的美少年角色，去完成那過程。如下圖所示，女生的愛慾出現了「反射」。這圖像可聯想到近年一齣有濃厚美少年風格的動畫《機動戰士高達 Seed Destiny》。故事裡，衝擊高達 (Impulse Gundam) 有一塊可反彈敵機光束槍射線的盾牌。有一幕高達突然把盾拋出，光束槍向盾發射，盾把光線反射，以刁鑽的角度擊中了敵機。以此作比喻，女生就像衝擊高達。她將她的自我「分體」，載搭在美少年身上；美少年就是包含著她的部份自我的盾，是她的分身。女生希望釋放出來的欲望，就是光束槍的射線。沒有反射的話，一條直線的欲望是屬於男女異性戀的，女方希望更自主和得到更平等的地位，但這是社會道德視為「淫蕩」而不容許的。反射的欲望則屬於 BL，女生得到保持距離的安全感，她可以說服別人——以及自己——聲稱自己只是旁觀者，在故事的舞台上是不在場的。[18] 所以 BL 在內容的尺度上討到更大的空間，比一般少女看的作品有更大膽露骨的性愛場面，而女生又較心安理得地去閱讀。

美少年的鏡像及慾望反射

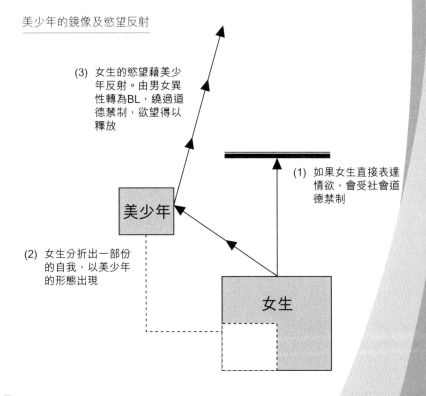

(3) 女生的慾望藉美少年反射。由男女異性轉為BL，繞過道德禁制，欲望得以釋放

(1) 如果女生直接表達情欲，會受社會道德禁制

(2) 女生分折出一部份的自我，以美少年的形態出現

美少年

女生

美少年展示出的女性化美貌與美態，女生覺得自己同樣希望擁有的。美少年追求的夢想，女生覺得能填補空虛的生活，也許會像Y子所想，「我的幸福就是『無限的 BL 』」。[19] 只是這些補元，都埋藏於文本的幻想。結果在現實生活中，她們成長後也往往保留著少女氣質，以及過著與一般女子無異的平凡人生。

始終，美少年的身體是男性的身體，BL 也不是異性戀。因此角色代入的第二個問題是，現實的少女與漫畫中的美少年不是在「相認」，而是幻想與現實被等同，形成一場美麗的誤認。微妙的是，這裡女生既是清醒，也是迷糊：一方面女生其實能分開現實與幻想，而並非坊間所誤解那樣；但同時她們又擅於運用誤認去製造歡愉。女生是喜歡一位美少年「甲」，還是喜歡「甲」所愛上的另一位美少年「乙」，抑或兩者皆是？她會想像自己是「甲」所愛的女子，還是想像自己就是「甲」，抑或想像自己是「乙」、與「甲」來一段轟烈的愛戀？也許她而言，是毋須去搞清楚。女生正正是享受這種曖昧的狀態。

對女生而言，曖昧的世界比涇渭分明更臻於完滿。

BL 讀者會說，男男曖昧有著雙重的歡愉。傻呼嚕認為，這是兩個美少年造的一加一的效果。[20] 不過筆者要指出的是，女生並非單純以第三者的角度去觀賞美少年。在女生的心中，她與美少年互為一體，難分你我。 (這是最極致的愛？) 美少年既是女生的理想情人，又可以給女生代入其角色，去愛另一位同樣叫她窩心的美少年。這特殊心理又使美少年文化孕育了一種特產——「雙子戀」。

若果女生愛美少年，而美少年又是女生的一個分身，那麼女生彷彿愛上了另一個自己。美少年界流行的「雙子」式組合，就是近似照鏡自戀的模式，一個美少年與另一個像他、甚至長得一模一樣的人談戀愛。BL 作品有所謂「兄弟愛」系列。筆者手上一本《最新卡通漫畫技法 (8)：美少年造型篇》，也是以兩個長得一模一樣的模特兒去講解如何繪畫二人扭在一起的動作，還有示範兩名光頭 (性別不明) 的人接吻的動作。[21] 「雙子」美少年也有真人版，其中傑尼斯 (Johnny's) 事務所的 KinKi Kids 頗為人熟悉。其成員堂本剛與堂本剛一並無血緣關係，但同是姓堂本，令人有「兩人是兄弟」的錯覺，加上二人亦有以曖昧關係作為形象宣傳，更加使 fans 產生 BL 的遐想。[22] 前文提及的《雪之丞變化》，瀧澤秀明除了飾演美俊溫婉的雪太郎，也同時飾演冷峻豪邁的俠盜暗太郎。故事說二人合作誅滅奸人，暗太郎

最後為雪太郎頂罪而被判處死刑。行刑前，兩個瀧澤秀明四目交投，除了是生死之交，是否「另有內情」？

而且，BL 關係是介乎友情與愛情之間的「男男曖昧」，兩名美少年既可肝膽相照也可擦出愛火花，而又毋須從朋友與情人兩種關係中取捨。兩名美少年之間也不用斷定誰做「男」誰做「女」。美少年愛好者流傳著一套配對方法叫「攻」和「受」。「攻君」在關係中採取主動，而相反「受君」則是被動。[23] 不過「攻」和「受」有許多類型，一位美少年是「攻」是「受」，也視乎他的對手的造型與性格而定。「男」、「女」有先天限制，「攻」、「受」則是任意的符號。因為説到底，BL 配對沒有特定的規則，其中女生的滿足感來自天馬行空的配對方式：《足球小將》的戴志偉與泰萊、《新世紀福音戰士》的渚薰與碇真嗣、《鋼之鍊金術師》的羅伊・馬斯坦古與愛德華・艾力克等等。[24] 美少年藝人的配對許多是從音樂組合的成員入手，例子有嵐的櫻井翔與松本潤、KAT-TUN 的赤西仁與田口淳之介，[25] 還有 Hey! Say! JUMP 的山田涼介與中島裕翔。[26] 女 fans 藉創造配對，覺得能夠依照自己的意願去「改裝」偶像的造型、性格，改寫偶像的命運，她們的消費超越了單純的捧場與購買產品。當然，單單一個人自己去幻想是沒有作用的。女生們會在網上討論區、互相討論自己創造的配對，及創作同人誌公諸同好，從事一種集體的幻想。因此，她們也是以鏡像，互相映照彼此的欲望，反過來達至自我認同。這就是拉康所説，「欲望是他者的欲望」。[27]

美少年文化在多個產業的轉承與互動

傑尼斯偶像

日本娛樂產業的 J-Idol 與動漫的美少年文化有較多的接合點。傑尼斯事務所的美型偶像，由 SMAP 的木村拓哉、KinKi Kids、到新晉的嵐、NEWS;再到 Hey! Say! JUMP，平均十四、五之年華，青蔥細嫩的氣息，就是把漫畫紙上的小王子帶到現實世界。試看山田涼介。如碧玉精雕而成的臉蛋，果真如研究者所言：「所謂美少年，就是像在月圓之夜的湖中出現的獨角獸一般的東西…」。[28]

日本美少年的成功引起亞洲各地爭相仿傚。台灣有棒棒堂與飛輪海、香港有 Boyz、韓國有李準基，連男曖昧，也有吳尊和羅志祥在模仿。[29] 不過「J 禁」的文化目前為止仍是日本所獨有。[30] 所謂「J 禁」是 fans 將她

們對偶像的 BL 幻想製作成同人小說及漫畫等作品。(不少包含色情成分，所以被傑尼斯事務所禁止其職員閱讀及只限於同人活動中發表。) 有趣的是，J-Idol 是把文字及圖畫的美少年真實化，如今真人偶像又被小說化及漫畫化了。是否虛擬、抽象的一個他，才能達至女生心目中的完美？

視覺系音樂

　　嚴格來說，視覺系歌手的造型並非純粹「意指 (signify) 女人」，[31] 其頗為傾向易服主義 (transvestitism)，相信是與西方華麗搖滾 (glam rock) 的淵源有關。[32] 不過視覺系音樂的好些主題，比如 Kagrra 神樂的唱片專輯《鏡花水月》，[33] 及雅 Miyavi 的「歌舞伎搖滾」，[34] 套用了與 BL 小說相關的日本傳統

攝影：姚偉雄

池袋街頭，售賣視覺系音樂產品專門店的廣告牌。

耽美文化。視覺系男歌手的服飾成為女生們 cosplay 喜愛的一個系列。[35] (也是一種鏡像的運作？) 若然要論到與動漫有直接關係的，則是唱過多首《機動戰士高達》歌曲的 Gackt 了。找上裝扮妖艷的他去演繹剛陽味重的七八十年代「宇宙世紀」系列高達，又是否迎合市場的「BL 化」策略？

衣飾美容、GV男優與男公關

要變成美少年的模樣，其實有賴服裝、髮型、美容護膚甚至化妝品的幫助。簡言之，它們都是高消費。日本美少年的風潮與西歐的「都會美男子」(metrosexual) [36] 的興起可說是並行的。好些日本的男士消費品比西方的還要講究。例如現時美少年的髮型，多彩而層次複雜。日本 Gatsby 的「moving rubber」髮蠟系列便專為男士而設，根據髮型、頭髮長度、光澤，分成六款產品之多，各有特殊的使用方法。

　　都會美男子的主旨是，男性的除了事業有成，還要懂得花費裝身，外在美要與內涵同樣重要──甚至比後者更加重要。日本美少年更加能以販賣色相過日子，與著重男性尊嚴的傳統可謂矛盾之極。日本色情 GV 吸收了美少年的元素而大力發展，然而其賣點已經是實牙實齒的

性交場面，而非 BL 的曖昧。夜總會男公關的興起則有點撲朔迷離。男公關的相貌之俊美可及得上藝人偶像，每到華燈初上，即可在鬧市街頭看到他們找女士搭訕。《AV事務所》報導：「他們會陪女客人喝酒，把她視作女皇般服待，把女客人哄得十分高興，還賺了不少小費」，「不過是賣藝不賣身，因為他們說，如果跟客人發生性行為，所有的幻想就變成現實，就會失去客人」。[37] 美少年的肉身已跳出漫畫框，走到夜店、活現於顧客跟前，但男公關所售予的，始終是畫紙上的柏拉圖式幻想嗎？但是，男公關不是喜歡男生(他們服務的大部份是女人)，並且其客戶也不是愛 BL 的小女孩，而是成年至中、老年的女性；男公關與動漫美少年，始終是兩回事。至於兩者有多少關聯或可對照的地方，則有待日後研究。

少女之路：經濟地位與文化地位的落差

　　總的來說，美少年的主題，由漫畫及非牟利的同人誌創作，陸續發展出更多、更賺錢的商業項目，可是如色情 GV 與男公關行業，不過是挪用美少年的形象，其內容與美少年文化無甚關連。動漫畫界刮起一股美少年之風，作品紛紛傾向美少年風格，但是女生除了成為更大的是客戶之外，我們在美少年文化中關注的議題——日本女性的地位、女性對性的自主，有否透過消費而提升？

東池袋「乙女路」全貌　　　　攝影：姚偉雄

　　也許，「乙女路」會帶給我們一點啟示。「乙女路」可中譯為「少女之路」，又稱「腐女街」，位於東池袋的一條街道，集中了售賣女性向的美少年、BL 動漫，還有專為女生而設的 butler café (男管家咖啡廳)。不少人把「乙女路」形容成女生動漫文化抬頭的象徵。不過筆者親身到此地觀察過後，有著不同的感想。雖然路上滿是大型廣告牌，但人的動態、商店的銷售、以至整體的氣氛都頗為沉靜，似是普通商廈區的一條街。途人要隨路牌指示，深入大廈內刁鑽的位置 (如地庫或位置)，走進店內的角落，才看到較活躍的圖像。

「乙女路」多間商店，專賣女性向動漫產品。

好些有特色的專門店設於刁鑽位置，例如地庫。

攝影：姚偉雄

「乙女路」的 butler café。

在一項消費活動上，消費者的經濟地位與文化地位未必成正比。女生成為動漫商品的大客戶，未必等於她們這些嗜好受到外間的尊重和認同。與「電車男」的情況相似的是，這些女生的經濟地位不低，卻被冠上「腐女」的標籤，投予歧視眼光。美少年文化很賺錢，但仍然是一個次文化。

原宿竹下通一間貼紙相店，門前掛滿禁止男性進入 (除非有女性陪同) 的告示。

攝影：姚偉雄

　　「乙女路」的格局有就如金庸於《射鵰英雄傳》筆下的桃花島。它令筆者聯想到，日本社會常用「隔離」的手法去保障女性的生活空間。地鐵有女性專用車廂，筆者也在池袋的遊戲機中心見過女性專用、禁止男性進入的樓層 (相信有關於 BL 成分的遊戲)，在原宿亦有男性不可單獨進入 (即只准女性進入，或男性必須有女性陪同才可進入) 的貼紙相店。「隔離」措施就如美少年的鏡像，不是一個直接面對問題的方法。少女之路，可料仍很漫長。

美少年文化在香港

至於香港，日本美少年文化的輸入可謂趨於兩極化。一邊廂，真人版的美少年偶像屢屢掀起熱潮，視覺系音樂一類的次文化亦得到一定的捧場客。但另一邊廂，漫畫的美少年文化卻走得比日本還要「地下」。除一小部份潮流商場及同人誌活動外，美少年漫畫，尤其 BL 作品，鮮有地方公開發售；租書店更怕租借 BL 漫畫會被政府查封，令租借少之有少。

香港坊間對漫畫的成見素來諱莫如深，BL 題材更被視為禁忌。自2005年《大學線》的〈淫褻禁書唾手可得、女生沉溺男同志漫畫〉刊出，再經報張一番抄作，輿論火速替 BL 漫畫冠上鼓吹同性戀、性變態、變童等標籤。[38] 再到2007年香港書展，台灣參展商售賣 BL 漫畫，影視處要求停售；抨擊如《明報》的〈變童口交漫畫 書展任睇任買〉語調更見浮誇，像「混少女漫畫出售」一列標題，反映其對 BL 源自少女漫畫的基本資料亦甚為無知，[39] 我們又如何指望坊間輿論會有客觀、全面的思考？

讓我重新檢視問題的關鍵：公眾和官方泛用一般媒體，尤其像電影、電視這些「三次元」真人拍攝的媒體的標準，去衡量「二次元」世界的美少年漫畫。但從美少年漫畫讀者的角度去看，「三次元」的現實與「二次元」的幻想是分開。BL 根本不等於人們認定的、在現實出現的同性戀，「正太控」也不應與變童劃上等號。要疏解這些觀念上的矛盾，我們需摘下過去的有色眼鏡，平心、耐心聆聽女生心底話。

註釋

[1] 維基百科－美少年，http://zh.wikipedia.org/wiki/%E7%BE%8E%E5%B0%91%E5%B9%B4。
    瀏覽於2008-7-29。

[2] 同註 (1)。

[3] 同上。

[4] Pentabu著及插畫，葉子譯 (2008)，《我的腐女友。》&《我的腐女友。Part.2 》，台北：青文。
    根據《我的腐女友。Part.2 》的解釋，「腐女」就是喜歡描述少男之間的戀愛的 BL (Boys' Love) 作品的女
    生，見頁14。

[5] 羅蘭·巴爾特 (Roland Barthes) 著，孫乃修譯 (1992)，《符號禪意東洋風：巴爾特筆下的日本》，香港：
    商務印書館，頁134至135。

[6] 參考：
嘎又*TONY狗－「長澤雅美、山下智久 再續求婚情緣！」，
http://blog.pixnet.net/snoopy79522000/post/11832354。

小影酷電影報道－「尊尼交代赤西仁暫別藝能界真相 海外留學半年」，
http://blog.mdbchina.com/news/post_892391。

瀏覽於2008-8-1。

[7] Mark J. McLelland (2000), *Male Homosexuality in Modern Japan: Cultural Myths and Social Realities*, Richmond : Curzon, p. 62.

[8] Anne Allison (1996), *Permitted and Prohibited Desires : Mothers, Comics, and Censorship in Japan,* Boulder, Colo : Westview Press.
亦見同上，pp. 63-9。

[9] 同註 (7)，p. 70。

[10] 「24組」指昭和24年，即1949年左右出生，七十年代時正值年青時期的一批少女漫畫家。
維基百科－BL，http://zh.wikipedia.org/wiki/BL。瀏覽於2008-7-30。

[11] 同上。

[12] 同註 (7)，p. 79。

[13] 同註 (7)，pp. 84-6。

[14] 「Yaoi」指故事簡單，純粹描述美少年間的性關係的同人誌作品。見同註 (10)。
詳細而言，BL 讀者群內細分為多個社群，有的偏向看劇情，而有的偏向看性愛場面。

[15] 拉康的鏡像理論之基礎，源自他早期的一篇論文。

英文版見：
Jacques Lacan (2002), "The Mirror Stage as Formative of the Function and the I, as Revealed in Psychoanalytic Experience", in Jacques Lacan; translated by Bruce Fink in collaboration with Héloïse Fink and Russell Grigg, *Écrits: a Selection*, New York: W.W. Norton, pp. 3-9.

中譯版見：
雅克·拉康 (Jacques Lacan) 著，吳瓊譯 (2005)，〈鏡像階段：精神分析經驗中揭示的 "我" 的功能構型〉，載於吳瓊編，《視覺文化的奇觀：視覺文化總論》，北京：中國人民大學，頁1至9。

[16] Sinner，人文思想－「試談拉康的鏡像階段」，http://life.fhl.net/Philosophy/bookclub/psy/04.htm#top。瀏覽於2008-7-30。

[17] 伊絲塔 (2003)，〈少女漫畫如何牽動少女心〉，載於傻呼嚕同盟，《少女魔境中的世界》，台北：大塊文化，頁26。

[18] 伊絲塔也有提過類似的概念：「…心理上卻可保持安全距離，形成微妙的美感」。見同上，頁28。
不過筆者的論點是來自符號學所指的「不在場」效果。見羅蘭·巴特 (Roland Barthes) 著，許薔薔、許綺玲譯，林志明導讀 (2002)，《神話學》(初版二刷)，台北：桂冠，頁183。

[19] 同註 (4)，見《我的腐女友。Part.2》，頁232。

[20] 同註 (17)，頁28。

攝影：姚偉雄

塵沙沙 (筆名)，資深漫畫迷兼業餘漫畫家；對少女漫畫、少年漫畫、美少年及萌等題材素有研究。相片中她手持的是其新作《Happy Pet Pet 開心寵·寵物》，而她所扮演的正是封面上的人物。

[21] 小崎亞衣著，張靜秋譯 (2007)，《最新卡通漫畫技法 (8)：美少年造型篇》，北京：中國青年，頁124至128。

[22] 網上有將二人「BL 化」的二次創作影片。參考例子：
YouTube－「 [自制 KinKi Kids 同人] [J 禁] ENDLESS~永不完結~」，http://www.youtube.com/watch?v=avkiQWnzpRI。

YouTube－「KINKI 自制 PV 攻受道」，http://www.youtube.com/watch?v=mj_6YylMovM&feature=related。

瀏覽於2008-7-31。

[23] 同註 (10)。

[24] 部份資料參考：
百度－「你會萌上的BL同人配對類型」，http://tieba.baidu.com/f?kz=118373311。瀏覽於2008-7-31。

[25] 資料參考：Poisoned by the Ultraviolet－「J 禁棒子」，http://lynnsharon.exblog.jp/6227891。
瀏覽於2008-7-31。

[26] 資料來自：「山涼流　山田涼介個人論壇」，http://www.ryosukeyamada.com/forum/index.php。
瀏覽於2008-8-1。

[27] 筆者譯自英文：「Desire is the desire of the other」。詳文見：
Donald D. Palmer (1998), *Structuralism and Poststructuralism for Beginners*, London: Writers and Readers, p.81.

[28] 同註 (21)，頁131。

[29] 黎寶蘋，〈網誌示愛觸發斷背情 小豬醉吻吳尊亢奮〉，《蘋果日報》，2008-4-6，C5版。

[30] 「J 禁」的定義可參考：嵐系聯盟公式部落格－「《轉錄》J禁定義 (by MWGEMINI)」，http://blog.roodo.com/arachi_su/archives/4410743.html，瀏覽於2008-8-1。

[31] 「意指」亦即註 (5) 引文中的「指代」，同是譯自英文「signify」，只是譯法不同。

[32] 參考：Jeph 音謀筆記－「華麗搖滾與視覺系」，http://jeph.bluecircus.net/archives/music/post_69.php。
瀏覽於2008-8-1。

[33] GUTS RECORDS 風雲唱片官方部落格－「Kagrra，《鏡花水月》2007.04.03 release!!」，
http://www.wretch.cc/blog/gutsjpop/5110594。瀏覽於2008-8-1。

[34] 雅-miyavi-Official Site【オレ様.com】，http://www.musicstory.cn/pscompany/miyavi/index.asp。
瀏覽於2008-8-1。

[35] 維基百科－視覺系，
http://zh.wikipedia.org/wiki/%E8%A6%96%E8%A6%BA%E7%B3%BB。瀏覽於2008-8-1。

[36] 劉維公 (2006)，《風格社會》，台北：天下，頁24。

[37] 《AV 事務所》第19集，亞洲電視本港台，2008-4-2。

[38] 無神論者的巴別塔－「[聲討大學線]《大學線》為博取公眾視線，嘩眾取寵，刻意歪曲動漫文化」，
http://www.cuhkacs.org/~henryporter/blog/read.php/239.htm。瀏覽於2008-8-13。

[39] 〈變童口交漫畫 書展任睇任買〉，《明報》，2007-7-20，A1版。

第十二章。

從「可愛」到「可欲」
日本「美女經濟」與香港文化之互動（上）

姚偉雄

從「可愛」到「可欲」——日本「美女經濟」與香港文化之互動（上）

在亞洲，日本女人未必是最美，卻可能是最可欲。

攝影：姚偉雄
原宿竹下通，商店的薄餅以少女作招徠。

她們可欲——日本的歌影視、A.C.G.、[1] 時裝美容以至色情AV，[2] 將最獨特的氣質、最純真的稚氣、最繽紛的姿態與最赤裸的誘惑，統統為你呈獻。弔詭的是，此際你與日本女人的距離，其實似近還遠。當你去購買、去擁有那些文化商品，並以為已洞悉到她們身心的所有秘密、感到非常滿足之際，你根本沒有對她們有過真正的、直接的接觸。美女經濟的媒體，聲稱能讓你與遠在東瀛的佳麗跨界邂逅，但它們正正把你與心目中的女神重重分隔。媒體讓你欲求的，一直都只是符號 (sign) —— pop-idol 的百看不厭、咖啡館女僕 (maid) 的千依百順、廣告代言人的青春常駐、女優的風情萬種——全是經過過濾、詮釋出來的符號。肉體是一個實體，然而我們消費的，是女人肉體的意象。

故此，女體的最私密部位，我們最內心的傾慕之情，其實都經歷異化 (alienation)，從主體抽離。比如陶傑說：「一個男人迷戀女性的大胸脯很正常，但當整個社會的男人都情狂於大乳房，就有點事有蹊蹺。」[3] 像戀乳這樣的喜好，已經超出個人，成為集體性的情意結；戀乳的流行，成為了一種社會現象。女星的胸脯被符號化，編入日文漢字「巨乳」的修辭。肉體轉化為娛樂資訊，可以在市場買賣，讓公眾品評及談論。那麼，任何年齡、階層，甚至包括女性本身，都可能是這雙「巨乳」的

消費者 (比如閱讀娛樂雜誌)。女體意象的符號已產生出一套語言。它是共有的，卻同時是外在的，意味著社會上的每個個體也要依賴、假手於這一套語言，方能抒發、表現及傳達自己的愛慾。[4]

諷刺地，美女經濟的盛行反而使我們遠離美女，偏離了對美女追求的意願，迷失於意象之中。[5]

本文首先在【可愛篇】介紹，日本的美女經濟特別強調符號化，並以「可愛」文化作為核心。然而可愛不但不是追求美女，更是引領人們偏愛不美的女性。這種誤導背後的重要功能，是叫日本大眾容忍——甚至「愛上」——社會上的缺陷。可是，被掩蓋的社會陰暗面，近年迅速泛起反動。

攝影：姚偉雄
原宿竹下通門牌，造型有趣，有兩顆如眼睛的大燈。

【可欲篇】闡析，隨分眾及次文化的抬頭，「萌」、「H」版本的A.C.G.[6] 及 AV產業興起，「可愛」的語意被180度反轉成「可欲」，頃刻間由最純真，逆轉為最變態。更加有趣的是，當「可欲」的符號與香港本地文化互動的時候，其化學作用所產生的戲謔程度，比日本本土有過之而無不及。

【日本美女經濟的本地化】會進而勾勒日本美女經濟於香港流行文化的本地化。不難發現，現時許多香港女星形象，也直接或間接套用了日本元素。如果符號是任意 (arbitrary) 的，娛樂產業能以香港女孩的身體為「塑材」，打造 Made in Hong Kong 的「日本美女」嗎？受眾又能否從她的身上獲得歡愉？這些問題也許尚未有答案，但筆者相信，讀者可以於下文的字裡行間，找到答案的蛛絲馬跡。

【可愛篇】

日本社會的「泛可愛」現象

羅蘭‧巴特 (Roland Barthes) 當年遊歷日本，驚嘆這國家由傳統到現代，大街小巷，到處都是符號，故此稱它為「符號帝國」，[7] 而今天，日

本其中一個發展最蓬勃的產業，正正是生產影音圖樣符號的 A.C.G. 產業。其符號化之龐大，顯而易見。

在日本，符號的力量並不止於規範上。更重要的是，它高度滲透至真實世界之中，而當中最為主流的一個類別，就是可愛文化。身處日本，你會發現四方八面盡是可愛事物，除 A.C.G.、精品等文化商品，網絡上有比 ASCII Art 更表情豐富、八面玲瓏的日式「顏文字」；[8] 女學生有書信上的「少女體」與手機短信的「Gal 文字」；[9] 甚至連政府宣傳刊物、路牌標誌，許多都以 Q 版漫畫取代文字，[10] 可愛彷彿成為了全國通用語言。在可愛瀰漫的一片語境下，日常生活與可愛圖像，現實與虛擬，變得縱橫交錯，無法分割。

> 如果美女經濟是一個符號化的問題，那麼，一個美女經濟強大的社會，也許並非盛產美女，而是盛產符號。

▲ 惠比壽街道，商店街以八爪魚作標誌，車站牌上有像青蛙的卡通圖畫。

東京成田機場的宣傳卡通人物 Kutan。 ▶

攝影：姚偉雄

更甚者，可愛文化大大逆轉了真實事物與虛構物的符號轉換關係。比如玩具來說，玩具車的造型、分類、場境等，構成的一個迷你世界，是取材自真實存在的汽車。虛構物的符號系統是套用自真實事物。[11] 恰恰相反，可愛文化底下，人們企圖把對虛擬女角的幻想套用到真實的女體去。例如「蘿莉」(Lolita) 是對女童 (或動漫中永遠像青春少女模樣的女性)的迷戀。穿蘿莉裝，坊間嚮往的成熟、修長曲線並不適合，反而帶 baby fat 的豐滿圓潤才可穿得「稱身」，主演《下妻物語》的深田恭子就是經典例子。[12]

　　結果，虛構與真實的符號轉換往往落差，出現令人感到硬套、怪異。近年於日本走紅的中川翔子，有「blog女王」、「超宅美少女」、「秋葉原系美少女」等綽號。她公開表示自己是一名超級動漫迷，唱動漫歌曲、當聲優 (動畫配音員) 及演出特攝，因而吸引了大量御宅族成為她的 fans。[13]中川經常以 cosplay (中譯「角色扮演」) 形象示人，包括電視節目《涼宮春日開課！御宅族講座》中扮演涼宮春日、各種貓娘，[14]　還有擔任電玩《超級機械人大戰 OGS》代言人而扮演瓦爾西奧尼 (一個少女模樣的巨形機械人) 等。[15]　中川成功將二次元 (平面) 圖像的幻想注入她自身的三次元 (立體) 軀體，但附帶著「副作用」。我們可在她的官方網誌中看到她的照片，有好多如貓般圓瞪一雙大眼呆望的詭異臉孔 (倒像貓娘，或她的愛貓)、模仿動畫角色而有如失常的表情、穿起戰隊服裝而顯得畸形的肢體動作之類，神態越來越「騎呢」。[16]

可愛的語言有如一張哈哈鏡，它為女體映照出來的，是一個扭曲的意象。

攝影：姚偉雄

原宿竹下通，售賣蘿莉 (Lolita) 服裝的商店。

池袋的漫畫店，有售賣 cosplay 服的大型櫥窗

怪你過份美麗──缺陷、缺點與欲望的扭曲

　　人類一直以發明語言而引以為傲，讚嘆語言如何有效地幫助我們表達所思所想。雅克・拉康 (Jacques Lacan) 卻提醒大家，語言是雙刃劍，它替我們表達的同時，同時亦不知不覺曲解了我們原本的想法。[17]

「可愛美少女」的消費是一個神話。正如巴特所言：「不論看來如何矛盾，神話並不隱藏任何事物，它的功能是扭曲，並不是使事物消失」。[18] 表面上，消費從不迫使人禁欲，還鼓勵人們盡情放縱。然而，我們依循「可愛」的原則，最終能找到「美少女」，定還是弄巧反拙？

四方田犬彥在《可愛力量大》中闡述，要可愛，便不能美麗！他在日本明治學院大學及秋田大學進行的問卷調查，問到：「你認為可愛和美麗有什麼不一樣？」也許多大家以為，「可愛」等於「美麗」。不過，調查的結果是剛剛相反的觀點——「可愛」與「美麗」其實是對立的！[19] 若然如西方美學所說，追求「美」就是追求完美，「可愛」則是與日本傳統的耽美文化相似，它對缺陷有著奇妙的情意結。四方田比較舊日本女星，指出原節子與吉永小百合就是「錯」在美得太完全，美得叫觀眾不可高攀。李香蘭 (山口淑子) 與若尾文子則勝在美中保留不足，正有鄰家女孩味道，彷彿與平凡大眾接近可以說，李和若尾就是黑白電影時代的可愛美少女。[20]

> …因為被放在「美麗」的旁邊，「可愛」的輪廓因此變得再明白不過。它是神聖、完美、永恆對立的，始終都是表面的、容易改變的、世俗的、不完美的、未成熟的。然而，這些乍看之下被認為是缺點的要素，從相反角度來看，卻又變成一種親切的、淺顯易懂的、伸手可及的、心理上容易接近的構造。[21]

近三十多年來，可愛文化更進一步地把人們的欲望扭曲。人們從容納「不美」，推展至溺愛有缺陷、異常的人和物。我們可以目睹，這種扭曲由非人 / 死物的範疇一直橫跨到活人的世界：現在風靡全球萬千女子的 Hello Kitty (中譯又稱「吉蒂貓」)，最明顯的特徵是沒有口部。Miffy 兔也是以一個交叉代替了嘴。口部的殘缺反而讓萬千擁躉由憐生愛，尤其在日文中，「可憐」(kawaisou) 與「可愛」(kawaii) 的發音是相當接近，以至兩個概念產生連繫。[22] 雖坊間男生未必喜歡 Hello Kitty，但會追捧動漫作品中的「無口娘」，即櫻桃小嘴，又長期緘默不語的女角，如《新世紀福音戰士》的綾波麗，及《涼宮春日的憂鬱》的長門有希。[23] 殘缺的特徵亦一方面伸延至其他部份，如近視的「眼鏡娘」。[24] 由綾波麗到《一騎當千》版「呂蒙」的右眼受傷蓋沙布造型，現在已有少女當作裝飾，把它帶到現實的街頭 (見右圖)。

攝影：姚偉雄

涉谷街頭少女，左眼戴上眼罩作為時尚裝飾。

攝影：姚偉雄

在原宿竹下通街上漫步的兩名少女，服飾裝扮都富青春氣息。留意她們都有爆牙的特徵。

另一方面，由身體伸延至心智，如反應遲鈍的女角美稱為「天然呆」，而「天然」一詞象徵真摯、清純，笨拙的女角頭上有如蔥絲的「笨蛋毛」，足以叫其愛好者怦然心動。[25] 真人版的可愛美少女，八十年代松田聖子也是以口部的殘缺——爆牙 (見下圖)，配以高尖如卡通配音的聲調、刻意的傻氣，得到首代「可愛教主」、「永遠之少女」的經典地位。[26]

以可愛之名活躍的偶像女星眾多，而視松田聖子為偶像的中川翔子，也許可視為較直接繼承松田的可愛風。其實中川的相貌看來早熟 (港俗語稱為「老積」)，可是她長年沉醉於動漫、特攝及 cosplay，言行充滿稚氣。每當她扮演動漫角色，一身認真的裝束，投入的唸起對白與架起動作，便顯得格格不入，活像一個傻大姐。[27] 其實，這裡可愛文化蘊含了消費與商業利益以外的社會意義。不難發現，以上所說的缺乏說話能力、愚笨、冒失、不夠成熟等種種缺陷的形象，對投身社會及工作的人而言，全部都是缺點。那麼我們何以要將這些缺點合理化，甚至美化？

Brian J. McVeigh 認為，可愛文化在維持現代日本社會的政治經濟體系上，擔當了重要的角色。[28] 日本強調要當經濟強國，做世界第一。可是現實並不完美，人人都有機會遇上挫敗。當政府施政有不完善或不公平之處，便要以可愛卡通人物作意識形態宣傳，令普羅市民覺得官方政策是溫和、無害的，而繼續安份守己，為經濟增長賣力。[29] 年青女性害怕進入成年人行列，想逃避學業、工作、家庭的責任與約束，唯有裝扮成可愛美少女，裝嫩撒嬌 (即日文「裝可愛」(burikko))，以求別人 (主要是男性) 的寬容。[30] 相反，長者的問題是失去工作能力。四方田指出，他們為免被邊緣化，藉可愛來「返老還童」，做個討人喜歡的「孩子」，著名的例子包括已故的孿生姊妹人瑞「金銀婆婆」。[31] 各個社群與組

攝影：姚偉雄

日本官方宣傳海報，以漫畫叫列車乘客用耳筒聆聽音樂時，注意洩出的聲音會滋擾他人。

織為各取所需，都參與「可愛」的建構，如是者，這實則上是一種「泛可愛」。

當干物女、變態女也是「可愛」時⋯

「泛可愛」是集體建構，裡頭各方人士對「她／她們是可愛嗎？」，彼此之間會有不少分歧與矛盾。其中一個前文已有所描述的例子是中川翔子的宅女形象。她受動漫迷所收落，一般人士則未必會認同。另一個同樣富爭議性、炙手可熱的類型，就是「干物女」與「變態女」。

「干物女」與「變態女」都是被視為指生活風格出現問題，以致外貌暴露醜態的女性。前者是生活頹廢、枯燥，令自己的舉手投足亦毫無光采；後者是有怪癖 (如喜歡屯積雜物)，言行舉止古怪，讓男士望而卻步。[32] 我們可以看到，兩詞的建構原理與過往可愛文化的項目是貫徹的。

其一，現時兩者被看成真確存在的社會現象，但其實它們的概念是源自《交響情人夢》及《螢之光》的漫畫及電視劇——即先有其符號，人們再以「你是干物女嗎？」一類自我測驗，[33] 再將意象套入現實，看看當下是否真的存在這樣的女人。再者，既然符號是任意的，「干物女」與「變態女」亦可與日本本土脫鈎，「轉口」到其他社會。近來，干物女的「現象」便忽然迅速遍佈中港台等地。當中「干物女」的本地化，產生了許多意想不到的互動。其中傳媒更另創「干物男」一詞，定義又鬆散(就如傳媒使用「電車男」、「隱蔽青年」等詞那樣)，差不多某程度上，人人也是干物男或干物女。[34] 資深 ACG 迷兼網誌作家馮友，於網上電台提出將香港的電車男與干物女速配，解決雙方難覓伴侶的困局，發表「娶妻當娶干物女，嫁夫當嫁電車男」的口號 (引自節目中另一位主持)。馮友力薦：「事實上電車男很多是帥哥，而且專一長情。反正他們大多獨身，對於我輩找不到丈夫的姊妹來說是最佳選擇。」[35]

其二是由「可憐」到「可愛」的邏輯。干物女雨宮螢上班時能幹、整潔，下班後卻不懂交際，在家中不修篇幅；變態女野田惠鋼琴演奏天才橫溢，但家裡凌亂有如垃圾堆填區，故又稱為「垃圾變態女」或「垃圾女」。以日本社會的標準來說，她們未能擔當未來妻子及母親的角色；在香港等其他地區觀之，這兩類型的女性也是戀愛及婚姻的失敗者，不期然將她們扣連到遲婚等社會問題之上，令公眾關注。不過，「小螢」及「野田妹」(注意稱呼的親切感) 在事業外的真我個性又獲取觀眾同情；不化妝打扮、不

造作，反樸歸真反而討人喜歡。難怪日本有所謂「噁心的可愛」這個看似自相矛盾的名詞。回說四方田的問卷調查中問到「請說明什麼是噁心的可愛」，其中學生回答「明明很噁心，但總是有一些惹人憐愛之處」、「噁心是噁心，但看順眼以後卻又讓人不斷湧現愛憐之心」。[36] 干物女與變態女，你覺得她們是噁心還是可愛？也許只是一念之差而已。

註釋

[1] A.C.G. 全寫是 Anime-Comics-Game，是動畫、漫畫及電玩遊戲的統稱。中譯為「動漫遊戲」，多見於內地媒體。

[2] AV 是 Adult Video 的簡稱，現在泛指日本色情電影。

[3] 陶傑 (2003)，《風流花相》，香港：皇冠，頁130。

[4] 這裡的意念取材自雅克・拉康 (Jacques Lacan) 對語言的解說。參考：Darian Leader & Judy Groves, edited by Richard Appignanesi (2005), Introducing Lacan (4th eds.), Cambridge: Icon Books, p. 79.

[5] 同上，p. 80.

[6] H 是 Hentai，日語「變態」的簡寫，意謂含有色情及異常性行為的成分。Hentai — Wikipedia，http://zh.wikipedia.org/wiki/Hentai。瀏覽於2008-6-11。

[7] 羅蘭・巴爾特 (Roland Barthes) 著，孫乃修譯 (1992)，《符號禪意東洋風：巴爾特筆下的日本》，香港：商務印書館。

[8] 吳偉明 (2007)，《知日部屋：吳偉明日本文化隨筆》，香港：中華書局，頁98至99。

[9] 同上，頁100至101。

[10] Brian J. McVeigh (2000), Wearing Ideology: State, Schooling and Self-presentation in Japan. Oxford: Berg, pp.152-4.

[11] 或者，好些物品的主題是超現實的 (例如科幻)，其實也是現實世界的比喻。

[12] 但這裡筆者並非指豐盈身材是不美，而是指它與今天社會追求纖瘦的風氣有別。

[13] Japan Entertainer－「怪怪美少女－中川翔子」，http://japan-entertainer.blogspot.com/2006/07/blog-post_10.html。瀏覽於2008-6-25。

[14] 除一般的 cosplay，中川翔子於2008年真人電影版《鬼太郎》中飾演貓娘一角。參考：
「貓娘附身－中川翔子參與 [鬼太郎]」，http://vovo2000.com/phpbb2/viewtopic-21462.html。
瀏覽於2008-6-25。

[15] 貓撲娛樂－「遊戲日本宅女王中川翔子出演《機戰 OGS》」，
http://game.mop.com/pic/daiyan/20070612/33340.shtml。瀏覽於2008-6-25。

[16] 請參考中川翔子官方網誌：
しょこたん☆ぷろぐ，http://blog.excite.co.jp/shokotan。瀏覽於2008-6-25。
亦參考同註 (13)，及〈中川翔孕鬼上身笑爆 blog〉，《蘋果日報》，2008-1-19，C21版。

[17] 同註 (4)，p.86。

[18] 羅蘭‧巴特 (Roland Barthes) 著，許薔薔、許綺玲譯，林志明導讀 (2002)，《神話學》(初版二刷)，台北：桂冠，頁181。

[19] 四方田犬彥著，陳光棻譯 (2007)，《可愛力量大》，台北：天下，頁64。

[20] 同上，頁64至65。

[21] 同上，頁66。

[22] 資料來自香港中文大學日本研究系吳偉明教授主講的課程「日本流行文化與文化全球化」(2007-08年度下學年)，第十四週「日本時裝與壽司的全球化與雜種化」。

[23] 傻呼嚕同萌 (2007)，《ACG 啟萌書：萌系完全攻略》，台北：木馬文化，頁203至205。
「身世堪憐：青春年華的少女卻有這種性格，必定是遭逢重大變故或是身世異於常人，刺激觀眾的憐惜之心。」
見頁204。

[24] 愛好眼鏡娘的人會幻想，眼鏡令女孩出現害羞、舉止笨拙等窘態，而覺得她是需要愛好者去照顧，從而產生喜悅：
「雖然並不是每個戴眼鏡的人，都是因為讀書讀太多而近視，可是看到年輕人戴眼鏡就不免聯想到『讀書太用功把眼睛讀壞了』，進而想像『她一定很愛讀書吧？』…『戴眼鏡不方便運動，所以她應該很文靜吧？』『這麼愛念書，平常一定很乖巧、很聽父母的話吧？』『這種聽話的乖乖牌，一定很不會表達自己的感情吧？』『一定沒什麼和男生交往的經驗吧？』…『看愛情文藝片太感動而熱淚盈眶時，會一手摘下眼鏡、一手擦拭淚水嗎？』『吃熱湯麵時會因為眼鏡一片霧氣而摘下來擦拭嗎？』『找不到眼鏡時，會因為看不見而手足無措，變得柔弱無助而需要人保護嗎？』…」
見同上，頁77。

[25] 同上，頁198至201，106至107。
「…以旁觀角度來看笨拙的人，不會有當事人那種頭痛感；加上她們犯錯確實出於無心，努力的身影與經常出差錯的狀況所造成的對比反差，只會讓人格外心痛，激起保護、照顧弱者的心態；每次出錯時，她們懂得以自嘲緩解氣氛，這時的表情與動作，也讓人覺得可愛…」
見頁198。

[26] 同註 (22)。

[27] 有關人們對中川翔子的評價，可參考：
百度－動畫典藏 dvd 吧－「^各位覺得中川翔子怎麼樣^」，http://tieba.baidu.com/f?kz=235100720。
瀏覽於2008-6-25。

[28] 同註 (10)，pp. 39-40。

[29] 同上，p. 150。

[30] 同上，p. 147 & 161。

[31] 同註 (19)，頁27 & 140；同註 (10)，p.149。

[32] 「干物女」與「變態女」的定義可參考：

干物女 — Wikipedia，http://zh.wikipedia.org/wiki/干物女。

編外詞典－干物女，http://www.biany.cn/post/420。

百度百科－干物女，http://baike.baidu.com/view/1009921.htm。

廣義來說，「變態女」可作「變態女人」的簡寫，但近年由《交響情人夢》帶起的定義，是將怪異生活習慣
與貌醜扣連：
維基百科－交響情人夢 (電視劇)，http://zh.wikipedia.org/wiki/%E4%BA%A4%E9%9F%BF%E6%83%
85%E4%BA%BA%E5%A4%A2_(%E9%9B%BB%E8%A6%96%E5%8A%87)。

黃建為，閱讀與怪獸－「垃圾女野田惠的音樂魔力」，http://blog.roodo.com/927/archives/3495663.html。

她論壇 she.org－「好看又好笑的日劇：交響情人夢」，http://www.she.org/showthread.php?t=134。
瀏覽於2008-7-2。

但嚴格來說，兩則名詞的定義並非固定，尚在演化之中。

[33] 網易女人－「你是"干物女"嗎？」，http://lady.163.com/special/00261MPK/ganwunv.html，
瀏覽於2008-7-2。

[34] 羅書茵，〈干物男女〉，《壹週刊》第943期，2008-4-3，頁62至66。

[35] 逍遙馮友@有馬二絕望頻道－「第三集：干物女與電車男」，http://fongyou.mysinablog.com/index.php?o
p=ViewArticle&articleId=1049696。瀏覽於2008-7-1。

[36] 同註 (19)，頁67至69。

第十三章。

從「可愛」到「可欲」
日本「美女經濟」與香港文化之互動 (下)

姚偉雄

從「可愛」到「可欲」——日本「美女經濟」與香港文化之互動(下)

【可欲篇】

可欲的神話學

「泛可愛」的美女意象裡頭，各個社群對「可愛」的不同定位以至實踐，彼此之間雖有著矛盾甚至衝突。然而在過去大眾消費的環境底下，他們依然會共同趨向一個大潮流，比如松田聖子就是八十年代可愛風的核心人物。現今社會則越來越分眾化。近年御宅族坐大，從大眾分裂出來，發展出一支自成一體的「萌系」，其影響力甚至反過來領導主流。[1]

讓我們檢視一下「萌」(moe) 與其他流行文化在符號網絡上的關聯。[2] 萌的概念首先源自傳統的主流動漫，後來那些元素跟隨御宅族演變成次文化，又與色情 ACG 連結，並於商業上取得成功。比如「正太控」，一種與「蘿莉控」(迷戀蘿莉 (Lolita) 的情意結) 相對照、對萌的男童產生的遐想，竟是從經典機械人動畫《鐵人28》中一腔正氣的主角金田正太郎發展出來的。[3] 由於有利可圖，AV及次文化服裝產業亦紛紛加入，協助「萌」從二次元跨越到三次元的領域。就好像「maid」(女僕) 主題，原本並不顯眼，直至九十年代中，它在「成人向」、「18禁」電玩裡嶄露頭角。在九十年代末日本的同人即賣會中，女傭的形象藉 cosplay 形式得以立體化，「maid服」發揚光大，逐而發展出「maid café」(女僕咖啡廳) 主題餐廳，全國連鎖式經營。[4] AV 產業採納了許多萌的元素，如校服、cosplay 服飾、眼鏡娘等，都是新影片的綽頭。反過來說，從前只有少女是可愛，現時「熟女」、「人妻」一類意念亦藉 AV 帶入萌的行列。

那麼，「萌」就是色情？

「萌」與色情有著微妙的關係。「萌」不一定是色情，也不能說它就是「可愛」的色情化。它往

往觸及社會禁忌，但不必然會導致越軌。就如「御姐控」可以是偏愛比自己年紀稍大、會照顧自己的女性；「妹控」可以是指喜歡一些外型似一個妹妹，或相處起來像兄妹的女孩。[5] 因此，若説「萌」的定義是心中有某種「燃燒」的感覺的話，[6] 它不一定涉及到性，但那種如火一般的急速爆發之能量，筆者認為，那該是一種欲望的體現。

這裡我們可以回顧四方田犬彥如何以電影《Gremlins》(港譯《小魔怪》) 的「魔怪」去比喻「可愛」如何變成「可怕」。「魔怪」平日十分趣緻聽話，不過甫一沾水便會複製出頑劣的分身，而牠們最後突變成面目猙獰的惡獸。[7] 那麼「萌」是否四方田所擔憂的、

攝影：姚偉雄

秋葉原街上，穿着 maid 服的女孩。

危害社會的怪獸？其實，趣緻聽話的魔怪與面目猙獰的魔怪，都屬於魔怪的一部份，它們就如一個錢幣的兩面。同樣道理，社會既保持著健全與穩定，同時也存在著矛盾與衝突。我們可以試從社會科學的角度去討論：

1. 其一，大眾社會的「可愛」旨在粉飾社會，其功能在於掩飾。在美女經濟之下，它將女性的形象幼兒化、塑造無知的玉女，迴避現實中赤裸裸的性愛問題。作為次文化的「萌」則是相反，它將「可愛」裡頭潛在的愛欲釋放出來，把它們原本天真無邪的姿態徹底巔覆。它挑戰現有的階級與倫理秩序：富家小姐、上司、別人的太太(人妻)、老師、學姐，甚至繼母、姐姐、妹妹，幾乎所有女人都可萌，都可欲！[8]

2. 再者，如上一章【可愛篇】已提到，「可愛」旨在正常化。就此，雖然各人對「可愛」的是有差異，但它對所謂「美女」的標準依然傾向統一 (例：所有年齡的女人都要像個少女)。它追求一個和諧、整全 (雖然實則上只是將有缺陷的地方當作美) 的女體。分眾的小市場旨在使喜好表現突出，與眾不同。「萌」的美女經濟，以特殊化 (specification) 將女體意象開枝散葉。由蘿莉到熟婦，長腿、「九頭身」[9] 到嬌滴滴的涼宮春日，萌系之內各個口味分化，並且彼此打對台，互不相讓。女體意象果真如「魔怪」的分身般不斷分裂，產生越來越繁雜的類型，而好些類型開始走向極端，刻意追求個別部位的特別強烈之效果，結果，將身體做成異常的模樣。

「可愛」與「萌」的分野

	社會層面		文化產業層面	個人身體層面
「可愛」	粉飾社會，迴避愛欲問題	維持現狀	大眾消費，正常化	統一，和諧，整全
「萌」	顛覆社會，釋放愛欲	挑戰現有秩序	分眾消費，特殊化，異常	分化，個別部位的迷戀

筆者在前文指出，「可愛」並非追求「美麗」，而是安於平凡。「萌」同樣不追求「美麗」，更加是追求「奇怪」！干物女 / 變態女與中川翔子等「騎呢」女子，都顯示「可愛」與「奇怪」的密切性。四方田犬彥正正說明，「奇怪」才是「可愛」的相近詞！[10] 「萌」將「可愛」潛藏的「可欲」引爆，「奇怪」的美女經濟商品，藉碎片化 (fragmentation) 大量生產。

攝影：姚偉雄

秋葉原一所商店，售賣著酷似女人下半身的檯燈。

所謂碎片化，就是將女體「分件」。一副嬌軀，由頭至腳，貓耳 / 兔耳、「貧乳」/「巨乳」、高跟鞋 / 長靴等等，慾望分散到眾多「碎片」(fragment)上。「碎片」越分越仔細，亦越分越繁瑣。從前大乳房就是一個賣點，現在則再以胸圍寸數、杯罩體積 (俗稱「Cup」)、形狀 (如香港電影《豪情》所說的「車頭燈」與「水晶燈」)，無窮無盡的分拆下去。不難發現，香港的娛樂迎資訊更加對此道樂此不疲。比如現時流行將欲望投射的焦點由一對乳房，割裂至一點乳暈，或一道乳溝 (如動漫 Maggie 李曼筠的「十吋波罉」)！[11] 碎片化務求將女體的符號系統一直擴大，逐而商品生產能推陳出新，負載消費者永不滿足的欲望——當然，這欲望是由消費帶動的。

換句話說，碎片化所增加的只是符號，而不是女人。

動漫遊戲的圖像可以不斷繪畫，但女星的數目有限。試看色情 AV。斯文 OL、時尚辣妹、活潑女生等，往往也是同一名女優扮演，只是服飾改變而已。女體意象的無限生產，最終不過是強加類型、巧立名目而做成的神話。可是，這個神話風光背後的副作用，就是把欲望的扭曲進入新階段：首先，女體失去了完整性，被解剖得肢雜破碎，然後，她又像「科學怪人」般被重組成新的「人工美女」。結果，「可欲」的神話沒有為我們帶來仙子，只有怪獸！

> 製造隱喻 (metaphor) 和換喻 (metonymy)，是大量生產女體符號的兩種手法；

(1) 「碎片」的變形與抽離

在神話故事裡，超自然生物的不少奇異造型，是來自兩方面的想像：(i) 某些肢體過份誇張，超出正常比例；(ii) 人、動物或植物的殘肢，不可思議地合為一體。美女經濟也利用這兩項原理去泡製光怪陸離的女體。

隱喻與病態比例——古代傳說講述許多畸形生物。如中國古籍《山海經》的《海外南經》所述的結匈國人及長臂國人、《海外南經》所述的長股國人。[12] 可愛文化的「Q 版」系列就是現代版的《山海經》。所謂 Q 版，是將一個形象壓縮。比如一個人物的 Q 版，雖然變小了，但應該會保留那人物身上的所有特徵 (直至體積小至需要把那特徵簡化)，以一個整體去代表那人。所以，Q 版是一種隱喻。[13]

攝影：姚偉雄

池袋一所駕駛學校外牆畫上的 Q 版卡通汽車。學員看後會否覺得輕鬆點？

然而，隱喻的轉換過程中，各部份的壓縮比例並不等同。身體會遭壓扁，頭部相對變大，眼睛更加倍大至幾乎佔去一半的臉龐。今天鵝蛋式大眼儼然是 A.C.G.的招牌貨。而且，這偏離現實的審美觀反過來叫現實世界去追隨。濱崎步一雙如寶石般閃閃發光的大眼便是表表者。[14] 只不過，大部份日本人及華人都不會天生大眼。假眼睫毛及香港俗稱「大眼仔」的「大美目」隱形眼鏡便應運而生。娛樂新聞的焦點包括 Theresa 傅穎以「人眼仔」加一頭全金鬈髮，轉型為「日本娃娃」(有說她模仿蛯原友里或藤井莉娜)，將她與 Stephy 鄧麗欣比較。[15] Theresa 新唱片《Smiling Theresa》的重頁周邊產品，兩款寫真集《Gracious》與《Sensuous》，就是以日本拍攝為綽頭。另一新焦點是是以一雙加大碼明眸脫穎而出的新人江若琳，報導以「少男殺手」、「大眼玉女」作為她的封號。[16] 與此有關的最新日本時裝潮流，要論到雜誌《小惡魔 ageha》的「揚羽孃」。所謂「小惡魔」就是要表達過火的風格。[17] 兩顆睫毛如箭豬尖刺輻射的 smoky eyes，倒似濱崎步的玩具 Ayupan figures。加上絲綢般華麗的一匹金色、茶色捲曲秀髮，punk 的反叛與「公主裝」的典雅形成強烈對比。[18] 香港女藝人以加工大眼營造天生大眼的效果，揚羽孃則擺明車馬以人工取代天然，宣佈符號化的勝利。

所以，人們從一開始就在追捧病態比例。這病態不獨是愛「大」，而是任何過猶不及的狀態。比如身高，必定硬要去拉長或捏短；一批擁躉沉醉於九頭身的超長手腳，另一批則溺愛涼宮春日式幼女體型。又比如乳房，我們的選擇只有過份放大或過份縮小，不是崇拜巨乳，就是偏好尚未發育的貧乳，卻鮮有人欣賞平均型的「並乳」！[19]

香港的媒體也利用這些女體變形的題材大做文章。不過撰文者大多數也不是御宅族，他們並非欣賞，而是挪用日本名詞進行戲謔。娛樂新聞不時挑剔藝人身體的細微瑕疵，將它無限放大，挖苦一番。例如楊千樺為2008年奧運傳遞聖火時，有雜誌會報導她的風格、形象怎樣與奧運主題相連，但亦有雜誌只聚焦於她的腳爪譏其為「蘿蔔腳」，一種日本女學生於短裙下的粗白腳型。[20] 另一群參與者是作家。陶傑在〈隆胸誌〉一文論到「豪乳」，認為所謂男人迷戀豪乳，只是色情媒體炒作出來的錯覺，使女士產生誤解。

攝影：姚偉雄

秋葉原一所售賣含色情成份的 cosplay 服的專門店。其門口標示只准18歲以上人士進入。

他笑言豪乳對男人最「實用」之處，就是與仇家槍戰以厚厚的脂肪擋子彈。[21] 李碧華的〈貧乳點心〉反諷主流，主張貧乳也有市場。[22] 不過如此的說法其實有點煞有介事。因為普通身材的女性而言，其上圍以現時的標準而言就是所謂的「貧乳」。如要有助討論，便應該更正說，一般尺碼不應叫作貧乳，而不是說「貧乳是好」。

換喻與戀物——同時，當一塊女體的「碎片」被放大至某個程度時，一小部份的象徵性便足以代表整個女人，是屬於一種換喻。[23] 在分析上，換喻的「碎片」可分為「體外」及「體內」兩種。「體內」是指身體的各部位。除了前文所述的眼睛及乳房，洋娃娃般趣緻的金髮，即會令人想起明艷照人的濱崎步。烏亮又如時裝雜誌相片表面般光溜的肌膚，即會令人想起火辣性感的「太妹」(Gan Guro)。「體外」是指身軀以外的衣飾及添加之物，如髮夾、彩甲、校裙、絲襪等。愛好者從一塊「碎片」便能產生興奮，比如看見「眼鏡娘」的眼鏡便會湧起萌的心動。這取向已發展成戀物。一方面，人體大卸八塊，化約為一件件玩物。在秋葉原，迫真地仿照陰戶、臀部、乳房而製造的自慰器，讓購買者模擬被陰道吸緊、後進式及乳交的情境。[24] 另一方面，人體再無法與物劃清界線。日本色情媒體的其中一大主題是「制服誘惑」。香港有少女進行援交，交易者要求女生穿著校服與他

進行性行為。[25]「一樓一」性工作者亦加以倣法，以穿著不同制服作為招徠。物主導了肉體的意象。

攝影：姚偉雄

香港動漫電玩節 (2008) 一攤位售賣 cosplay 用品，包括貓耳、兔耳、羊耳、妖精裝扮等的飾品，其中店員親身戴上貓耳示範。

(2) 超現實組合

　　古代神話有很多人獸合體的造型，包括如埃及神祇的獸頭人身，人面鳥、人面虎，[26] 西歐的半人馬及美人魚等。現時女體意象的許多概念也是由 A.C.G.文化所引入。A.C.G.的二次元圖像，可以拼出很多在真實世界不能做到的身體組合。「貓娘」是人獸合體的其中一個大系。筆者見過於秋葉原派發傳單的女傭裝束店員，果真頭頂插著兩隻貓耳，裙下捲出一條毛茸茸的貓尾！

　　人與機械的組合的手法是替嬌嫩的少女嵌上冷冰冰的機械。這就是所謂「兵器娘」的概念，[27] 其可追溯至年的2000年始的動漫畫作品《最終兵器彼女》，而往後作品的機械設計越見仔細與精密。「Gundam girls」還只是加穿一副機動戰士皮相的盔甲；《武裝神姬》便仿如肢解小女孩再焊

接巨型義肢，令人感到她根本無法負荷重疊疊的鋼材，快要扭斷關節的模樣。[28] 《天翔少女》(Sky Girls) 是矮瘦兼貧乳的女童與模仿二次大戰戰機的機械人合體，比如「零神」就是以舊日日本的零式戰機為主題。[29] 如此匪夷所思的念頭是為同時滿足軍事迷及「萌」擁躉而設。目前兵器娘仍難以製造真人版，生產商便以玩具模型的形式去將它們立體化，創造關節如真人般靈活的「MMS」人偶系列。[30]

但說到底，人們已經對超現實組合不能自拔。凡是符號可拼出來的，他們都希望變為真實。如此的妄想造就如「童顏巨乳」、「巨乳蘿莉」的流行。試問未發育的小女孩，又何來巨乳？為了滿足這些自相矛盾的欲望，商家會抓來樣貌稚氣的成年女人來充當角色。AV 女優蒼井空就是藉此潮流走紅。所以對日本人或喜歡日本流行文化的人來說，超現實組合是用來製造心目中的女神。但是，香港傳媒卻利用它來把女星「怪獸化」。呂慧儀擁有35D上圍及44吋修長美腿，傳媒卻替她改上「35D長腳蟹」的謔稱 (長腳蟹是日本北海道著名海產)，叫人哭笑不得。[31]

肉體的語言學：虛詞化、引申義與能指滑移

詳細而言，女體符號其實共有兩個部份。第一部份是女體的形象，包括圖畫、照片及影片等。但另一個極之重要的部份，是人們經常忽略的，那就是詞彙。其用作命名身體各部份，形容氣質、性情等特徵。詞彙決定了分類方法：頭、頸、胸、腰 ⋯ 身體應該劃分為多少個部位；又或者，大碼 / 中碼 / 細碼，31吋 / 32吋 / 33吋 ⋯一個女人身上有多少部位，或多少級別，視乎你用上多少個詞彙──而她其實是保持不變。這就是由威廉・洪堡特 (Wilhelm von Humboldt) 的「語言世界觀」理論到薩丕爾・沃爾夫假設 (Sapir-Whorf hypothesis) 一直所說的：語言決定思維。[32]

這裡我們嘗試用語言學的法則去理解女體符號。女體符號裡頭，圖像與詞彙都含有能指 (signifier)，但詞彙會為所指 (signified)，即符號最終表達的意思，作出定案。例如我們看報張雜誌，單看相片，帶出的訊息可以有很多可能性。唯有再看標題及內文，才得知那報導真正是想講什麼。不過我們又會發現，女體的詞彙其實對我們了解女體來說，往往是幫倒忙。

虛詞化：「能指的首位」問題

女體符號在虛詞化之下，能指與所指的關聯變得脆弱。其能指每每是天馬行空，無邊無際。

當越來越多人也隨便使用「可愛」、「萌」等日式字眼的時候，它們漸漸變成了虛詞。[33] 就像港人常掛在口邊的「勁」、「潮」、「型」，究竟有幾多是有確實的含義？

羅蘭・巴特 (Roland Barthes) 在《流行體系》指出，流行詞彙分兩類型。有一類真的有其所指 (他稱為「A組」)。另一類的所指則是「流行」，做成「某某是『潮』，是因為他夠『潮』」的循環論證，實質上是言之無物 (他稱為「B組」)。[34] 如前文所言，日本美女經濟並非追求美，卻常把「美」充當虛詞，製造泡沫。「美少女」、「美足」、「美人妻」以至「美乳」一詞，最叫人摸不著頭腦。試問怎樣才是美乳？台灣的傻呼嚕同萌嘗試從尺寸上解說，指美乳是介乎巨乳與並乳之間，就是「大」與「小」之間的「中」等尺碼了。[35] 可是如果巨乳是「大」，應是多大？若然並乳是「小」，又該是幾小？巨乳與並乳本身也是定義知含混的。香港萬寧藥房的「Nu Breast+ Deep V」胸罩廣告則指美乳是需有「V」字型乳溝 (也是一則「碎片化」的手法)。它與坊間認為不美、俗稱「八字波」的「八」字型乳溝，剛好是一個符號上的倒椿。隨著本地化，美乳有較具體的意思，但亦與日文原本的概念產生了歧義了。

以上的虛詞化之所以出現，是由於美女經濟把 A.C.G.語言移植到現實世界的女體語言中，而產生了上一章提及的語言扭曲。兩套語言從一開始便不適宜進行「兌換」！

比如乳房，現實世界是先有客觀存在的乳房，我們再以尺寸 (上圍時數及杯罩級數) 進行區分。現實世界的女體語言，是以所指 (道出「乳房」是怎樣) 為先，再而能指 (各名詞及標準) 作出配合，是較符合索緒爾 (Saussure) 的符號的理論模型。[36] 至於消費一套 A.C.G.產品時，我們先在封面 / 盒面看見「爆乳」、「魔乳」、「超乳」大題目，先有了一種氣氛，才再看乳房的圖像。換言之，那是詞彙形塑了圖像的意思，單單那乳房本身是不能道出什麼是「爆乳」、「魔乳」或「超乳」。A.C.G.的女體語言，是以能指 (乳房的名目) 為先，而所指只是用以把這名目合理化，令人覺得是確有其物而已。所以這裡則是較符合拉康的理論模型中所說的「能指的首位」(the primacy of the signifier)。[37] 比如「爆乳」，人們即使嘗試照字面解作「大得像要迫爆的乳房」，Miyoko 劉欣宜的34E上圍被視為「爆」，又有人說32D的 Tanya 吳嘉欣也很「爆」，究竟要多大才到達「爆」的地步？[38]

虛詞化的另一則例子是蘿莉。蘿莉由一個小說、電影到服裝的名稱，變成形容一種感覺。怎樣可以定義一位女子是「很蘿莉」？是年齡，要穿著蘿莉裝，還是氣質？在香港又是否有很「蘿莉」的女子？Isabella 梁洛施是否算蘿莉？網誌《香港網絡大典》如是說，邵家臻的〈Israbelolita〉亦以《Lolita》原著小說的故事去比喻 Isabella 與李澤楷的忘年戀。（「Israbelolita」即 Isabella 與 Lolita 合併。）[39] 蘿莉的虛詞化的成因之一是，真實生活中難以找到幻想裡的 Lolita。志田未來飾演日劇《14歲的母親》時是13歲，是罕有的「貨真價實」，其餘都是「偽蘿」居多。《小遙17歲》講述22歲大學畢業生假稱17歲進軍娛圈的故事，飾演的平山綾當時是21歲。在西方，電影《Juno 少女孕記》的 Ellen Page 是21歲去飾演16歲女學生。電視劇《Terminator：The Sarah Connor Chronicles》更誇張，Summer Glau 是以27歲之齡扮演16、17歲模樣的小女生 (機械人)。也許，「人」是否如其「名」已經不重要。與其說女體詞彙是用以指出事實，不如說它本身亦充當著一種符號，一種空洞但為消費者帶來夢幻歡樂的符號。

引申義：異國風情與不倫之戀

無論是日文還是中文，「乳」字的直接義 (denotation)，就是簡單地意指 (signify) 乳房這一器官。但當「乳」連起「巨」、「爆」等字一起使用時，如前文所述，當中的爆有可能成為了虛詞。

「爆乳」的用法 (1)：作為虛詞

(Sr＝Signifier 能指，
Sd＝Signified 所指)

「爆乳」的「爆」	很「爆」 (一種流行的狀態)
Sr	**Sd**

另一個可能性是詞彙產生了引申義 (connotation)：異國風情，日本美女的神秘感。用上這些詞彙去形容香港女星，也令人不期然聯想到東瀛佳麗。

「爆乳」的用法 (2)：引申義的衍生

第二層： 引申義 (connotation)	「爆乳」作為日本 流行文化用語 **Sr**		異國風情 **Sd**
第一層： 直接義 (denotation)	「爆乳」的「乳」 **Sr**	乳房 **Sd**	

異國風情的歡愉源自超越地域界限，還有一類詞彙，是關於超越社會秩序。當「女教師」、「學妹」應用於 AV、色情 A.C.G.及一些炒作報導時，便多了一層引申義——不倫。教師、學妹其實都是身邊常見的人。「可愛」及「萌」會把平常的關係怪異化，讓消費者想入非非，而幻想與她們發生不倫關係。[40] 現在日文的「人妻」，充滿誘感。[41] 試想如果換上「歐巴桑」，[42] 效果會有什麼差異？西方的「靚太」聯繫到美麗，但少有不倫意味。香港的「師奶」更加代表失去魅力的家庭主婦。但話說回來，人妻是否真的比靚太或師奶美麗，還是其次，最關鍵的還是詞彙含蘊婚外情、勾義嫂的禁忌與欲望。

能指滑移：倩影的「殘像」

當一個話題變得炙手可熱之際，傳媒會很賣力的不斷創造新詞，以達嘩眾取寵之效。除了「乳」之外，香港娛樂新聞還有許多形容乳房的字眼，例如「胸」、「波」和「奶」。「假大胸」、「波大無腦」、「拋G奶」等等，這些本地用字，引申義是俗氣、沒美感。「咪」這個字則略有不同。它來自疊字「咪咪」，雖是港台使用的漢字，但受到日本可愛文化之原理影響。[43] 當用「咪」或「咪咪」去指稱一位女子的乳房時，便引申出她不是只有大乳房，而是整個人也嬌俏可人，有著一定的魅力。故此，若說某女星是「咪神」，便明顯與「波霸」有所分別。例如有雜誌會讚美徐淑敏胸部豐滿而同時身形嬌小，加上樣子甜美，幾方面結合才稱得上為咪神。[44]

不過，當女體符號的文字遊戲走到極端時，能指不但處於首位，它更是最終與所指脫鈎，肆意「暴走」。

器官只有一對，名詞卻是無數！尤其是娛樂資訊，往往是三、四個日、港、台灣內地的用語連環使用：「爆乳波霸撩衣露奶噴血挑逗」、「女 F4 巨胸拼"鮮奶"蛋糕 Fanny 走光爆乳」、「G 奶蔡依林火辣爆乳成癮」、「波霸喬丹不堪巨乳負荷動刀縮胸後性感狂跌」、「韓國巨乳女星蔡恩貞低胸大露 X 波，超級大！」等等，[45] 究竟它們是想講「乳」、「咪」，還是「奶」、「波」或「胸」？

試以「爆乳波霸撩衣露奶噴血挑逗」作例。本來説「爆乳」時，應引申到「異國風情」。但我們嘗試理解字義時，娛樂資訊的文字遊戲會將「爆乳」立即「滑移」到「波霸」去。當我們以為會探究「波霸」的「波」的意思時，文句又立刻「滑移」到「露奶」去。所以，情境仿如一個高速移動的

物體，當你看見它的影像而嘗試去接觸時，卻只抓住了它的殘像。這就是雅克・拉康 (Jacques Lacan) 所稱的能指的滑移 (sliding)。[46] 我們眼前只是像走馬燈般不斷閃現許多能指，卻沒得到任何一個所指。能指滑移就像虛詞，詞彙只是流行口號，把字換來換去，隨意把弄，讀者只感到過癮，但未知當中所云。我們彷彿能掌握到每個詞彙的所指，其實不過是迷失於「爛gag」之中。[47]

例：「爆乳波霸撩衣露奶噴血挑逗」的能指滑移

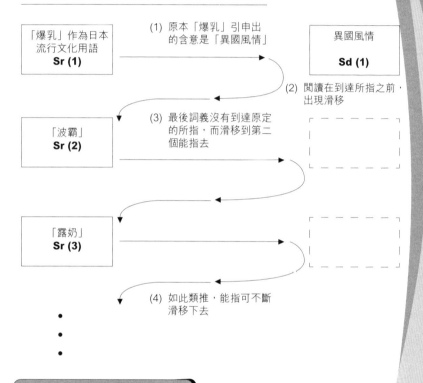

【日本美女經濟的本地化】

在【可愛篇】及【可欲篇】已逐步介紹過香港各媒體對日本女體符號的戲謔、挪用甚至誤用的情況。「正路」去應用的例子是存在的。不過，其中娛樂產業亦不會完全對日本的一套照單全收。因為香港仍然是以大眾消費為主導，御宅族使用的分類方法、概念、世界觀等是令一般大眾人覺得難以消化。符號經過若干修飾及刪減，溶入本地文化當中，當中既有失敗，也有成功的個案。

攝影：姚偉雄
兩名涉谷街頭少女。

三人女子組合 Freeze 出道時，其公司宣稱是做「電車男」的市場。[48] 不過三位成員的造型與日式御宅族口味相差甚遠。她們走的是成熟性感路線，明顯地不屬於御宅族喜歡的「萌」和半熟少女類型。Freeze 反而更像如 Pussycat Dolls 的西式性感組合。又或者，如果真的要走日本化路線，以「御姐系」招徠會是更適合的商業策略呢。更何況，如果凡是她們的 fans 都被冠以「電車男」之名，又有誰敢去支持？

試轉化日本次文化元素做香港大眾化市場，則有成功例子。香港美女應用了日本的視覺符號，但不會應用其詞彙，可算是現今可行的一種本地化模式。新晉模特兒 Janice Man (文詠珊) 與 Angelababy Yeung (楊穎)，賣點並非「波霸」、「咪神」般玲瓏浮凸的身材。[49] 時尚打扮是二人的強項。金啡色波浪長髮，連緊身小背心，短裙、短褲，似是參考「涉谷系」。其中一組常見的配搭，是短裙／短褲加長襪，之間突顯一雙玉白大腿，這是否取材自萌系的「絕對領域」？[50]

Janice 半瞇冷眼、上唇微翹而小嘴半合的神態，被網友及雜誌認為是參考自美國日裔模特兒青木迪芳 (Devon Aoki)。[51] 沽勿論兩者之間的關係，青木那種 cool 的少女形象，[52] 也許關乎到一個更大的時裝潮流 (如筆者於原宿所見的 PINK-latte 模特兒人偶)，而微妙的是，當 Janice 將這型格味道帶到線上遊戲《天龍八部 online》的造型，它又與 A.C.G. 的「傲嬌系」女孩氣質有相當涵接之處。[53]

攝影：姚偉雄
原宿竹下通，時裝店 PINK-latte 的櫥窗。模特兒人偶的半合眼、微翹上唇以至時尚服飾及酷的姿勢，與青木迪芳 (Devon Aoki)、Janice Man （文詠珊）是否頗為相似？

從 Angelababy 的英文名會聯想到親切、討人喜歡的可愛娃娃。中德混血的她，確是一名洋娃娃模樣的嬌滴滴小妮子。傳媒曾關注到 Angelababy

不是香港出生，[54] 但她的跨地域性履歷，反而是相當「日式」。今天日本大熱的 Leah Dizon，也是一個中、菲、法混血兒，卻正正沒有日本血統！這一點回到文章最初的討論：她的肉體是否「日本製造」，實屬次要。由數十年前巴特驚嘆葛麗泰‧嘉寶 (Greta Garbo) 仿如「用石膏打造出來」、「神格化」的樣貌，[55] 到濱崎步毫無瑕疵的「陶瓷娃娃」臉蛋，[56] 再到今天「變公仔」的《Love Angelababy》寫真集，[57] 萬千民眾拜倒的石榴裙下，藏著的，從來都是符號。

註釋

[1] 關於「萌」自「可愛」的源頭，以及由「可愛」到「萌」的演變，參考：
Jo-Jo (2007)，〈Moe，真是粉口愛！〉，載於傻呼嚕同萌，《ACG 啟萌書：萌系完全攻略》，台北：木馬文化，頁8至15。

[2] 過去符號學研究會以「系統」(system)來描述眾符號的集合與組織模式。筆者這裡使用「網絡」(network)，意謂 A.C.G.、AV 及其他媒體的關聯是流動的，連結及中斷會隨時間而一直變化。

[3] 百度百科－正太控，http://baike.baidu.com/view/29788.htm。瀏覽於2008-7-3。

[4] コスプレ系飲食店 - Wikipedia：http://ja.wikipedia.org/wiki/%E3%82%B3%E3%82%B9%E3%83%97%E3%83%AC%E7%B3%BB%E9%A3%B2%E9%A3%9F%E5%BA%97。

Cosplay 餐廳可分為廣義及狹義兩種。Maid Café 是廣義的 Cosplay 餐廳之一員，而狹義來說，Maid Café 和 Cosplay 餐廳 (及 Cosplay Café) 是兩種不同類型的食肆。

讀者亦可參考：
Cosplay restaurant - Wikipedia，http://en.wikipedia.org/wiki/Cosplay_restaurant。

瀏覽於2008-7-3。

[5] 「御姐控」與「妹控」的定義請參考：

維基百科－妹控，http://zh.wikipedia.org/wiki/%E5%A6%B9%E6%8E%A7。
維基百科－御姐，http://zh.wikipedia.org/wiki/%E5%BE%A1%E5%A7%90%E6%8E%A7。

瀏覽於2008-7-3。

[6] 同註 (1)，頁11。

[7] 四方田犬彥著，陳光棻譯 (2007)，《可愛力量大》，台北：天下，頁191至193。

[8] 文中的分類參考同註 (1) 的《ACG 啟萌書：萌系完全攻略》。

[9] 「九頭身」指身高與頭部的長高比例為9:1，現實世界中只有少數人可達至如此的體形。

[10] 同註 (7)，頁67至71。

[11] 林奇，〈34E 動漫 Maggie 升級 晒經典10吋波罉〉，《東方新地》第503期，2007-7-31，頁60至61。

[12] 馬昌儀 (2002)，《古本山海經圖說》(初版三刷)，山東：山東畫報，頁408，424至425，452至453。

[13] 艾德蒙‧李區 (Edmund Leach) 著，黃道琳譯 (1994)，《李維史陀》，台北：桂冠，頁58。

[14] 「日本天后濱崎步的眼影閃爍著寶石般的亮澤感」。詳文見：
化妝品、保養品、醫學美容動態－「光彩奪目 寶石妝」，http://cosmetic.view.tw/node/1164，瀏覽於2008-7-25。

[15] 〈追打 Stephy Theresa 假大眼發圍〉，《Face》第13期，2007-8-22，頁34至36。

〈狂訂80對 Theresa 谷盡假大眼〉，《Face》第59期，2008-7-9，頁38至40。

〈傳穎釋放〉，《東方新地》第544期，2008-7-22，頁120至124。

[16] 〈娛樂資料庫－新晉偶像擅變臉〉，《蘋果日報》，2008-7-15，C2版。

[17] 日本新潮流－「《小惡魔 ageha》公主型時尚」，http://web-japan.org/trends/cn/07_fashion/fas070831.html。瀏覽於2008-7-14。

[18] 有關揚羽孃的造型與產品，讀者可瀏覽：
小惡魔 ageha SHOP，http://ageha-shop.com。瀏覽於2008-7-14。

[19] 同註 (8)，頁123。

[20] 筆者比較了以下兩篇報導：
Casey To，〈楊千嬅：我的奧運精神〉，《Marie Clarie》(香港中文版) 第212期，2008-5月，頁140至149。
劉柏一，〈千嬅蘿蔔腳失守 丁子高陪跑搣煲〉，《東方新地》第543期，2008-5-6，頁58至59。

[21] 陶傑 (2005)，《風流花相》(初版八刷)，香港：皇冠，頁284至285。

[22] 李碧華，〈貧乳點心〉，《蘋果日報》，2008-5-8，E8版。

[23] 同註 (13)。

[24] 這些自慰器款式五花八門，秋葉原有商店是有一整層樓房的專區去售賣這些產品。資料由筆者於秋葉原的觀察所得。

[25] 〈曾得好市民獎 背妻長租套房前警員搞援交拍春宮〉，《蘋果日報》，2008-6-18，A1版。

[26] 如《西次二經》的鳧徯，《西次三經》的陸吾，見同註 (12)，頁95至96，118至119。

[27] Sam 上下論古今－「兵器娘的最高妄想－天翔少女 (Sky Girls)」，http://blog.roodo.com/samuel1266/archives/4429863.html。瀏覽於2008-7-14。

[28] 維基百科－武裝神姬，http://zh.wikipedia.org/wiki/%E6%AD%A6%E8%A3%9D%E7%A5%9E%E5%A7%AC。瀏覽於2008-7-14。

[29] 參考《天翔少女》的日文官網：
スカイガールズ，http://www.konami.jp/visual/skygirls/mechanic/index.html。瀏覽於2008-7-14。
亦參考同註 (27)。

[30] 同註 (27)。

[31] 葉子晴，〈35D 長腳蟹呂慧儀 夜車餵仔〉，《東方新地》第543期，2008-5-6，頁60至61。

[32] 威廉‧洪堡特 (Wilhelm von Humboldt) 的「語言世界觀」理論認為，語言不止是一種溝通工具，「每一語言裡都包含著一種獨特的世界觀」，語言決定了我們如何理解眼前的現實。這觀點於其後的薩丕爾‧沃爾夫假設 (Sapir-Whorf hypothesis) 繼續發展。見徐通鏘 (2007)，《語言學是什麼》，北京：北京大學出版社，頁169至175。

比如身處在一片冰天雪地，如果我們的語言中只有一個「冰」字，這環境對我們而言只是白茫茫一片。可是寒冷地區的土著是有多個形容冰雪的詞彙，那麼在他們的視野去看，這片冰天雪地是豐富多彩的。參考：
Alex Thio (1997), Sociology: A Brief Introduction (3rd eds.), New York: Longman, p. 43.

[33] 這裡筆者指的虛詞是指香港坊間討論常出現，卻語焉不詳的的詞彙，其成因包括詞出現太多歧義、被濫用、竄改詞義等。參考：
香港網絡大典－虛詞，http://evchk.wikia.com/wiki/%E8%99%9B%E8%A9%9E，瀏覽於2008-7-24。

[34] 羅蘭‧巴特 (Roland Barthes) 著，敖軍譯，于範校訂 (1998)，《流行體系 (二)：符號學與服飾符碼》，台北：桂冠。

[35] 同註 (19)。

[36] Sean Homer (2006), Jacques Lacan (2nd eds.), London: Routledge, pp. 38-40.

索緒爾的符號的理論模型是：$\dfrac{\text{所指 (Signified)}}{\text{能指 (Signifier)}}$

其中所指在上，能指在下，意味符號的功能，就是由能指帶出所指，達到表意的效果。

[37] 同上，p. 41。

拉康的理論模型剛好把與索緒爾的來來個倒樁：$\dfrac{\text{能指 (Signifier)}}{\text{所指 (Signified)}}$

其中能指在上，所指在下。拉康認為，中間的橫線，可理解成兩者的分隔。因為一個符號未必有特定的意思，它的所指可以隨時改變，甚至與能指脫離。

[38] 參考：
TimLiao 提姆廖－「香港19歲34E爆乳女學生 Miyoko」，http://www.timliao.com/bbs/viewthread.php?tid=9215，瀏覽於2008-7-14。

香港討論區 Uwants.com－「張震條女－HK 水著 MODEL－D cup 奶神－TANYA NG 吳嘉欣－爆乳相集」，http://www.uwants.com/viewthread.php?tid=5138251。瀏覽於2008-7-14。

[39] 邵家臻，〈兵器譜：Isabelolita〉，《都市日報》，2008-4-8，版32。

[40] 有些說法指，這些妄想常連繫到身邊親近的人，與御宅族人際關係不佳有關。從佛洛依德以降的精神分析角度來看，戀母、戀妹等是亂倫禁忌下埋藏的情意結。

[41] 湯禎兆 (2007)，《命名日本》，香港：天窗，頁25至29。

[42] 參考：百度百科－歐巴桑，http://baike.baidu.com/view/25526.htm。瀏覽於2008-7-23。

[43] 「咪咪」的定義參考：
泡泡社區－「為什麼會把乳房叫做咪咪？」，http://pop.pcpop.com/061215/2779718.html。瀏覽於2008-7-14。

「『疊音』效果有討人喜歡的作用，聽起來幼小、可愛、親切 … 」；「當然還有一大堆講出來難為情的字眼，一律以疊字取代：屁屁、尿尿、嗯嗯（也就是大便）還有林志玲的『咪咪』… 」

見唐明，〈在疊字的迷宮裡阿嚇嚇〉，載於《CUP》第76期，2008年5月，頁124。

[44] 「身形驕小胸前卻偉大、淚眼汪汪說話陰聲細氣 … 」，見朱小博，〈一個咪精的自白 徐淑敏〉，《Face》第32期，2008-1-2，頁48。

[45] 參考網址：
114GM娛樂－「爆乳波霸撩衣露奶噴血挑逗」，http://www.114gm.com/ads/html/meinv/OuMai/20060206085649.htm。

騰訊網－「女F4巨胸拼"鮮奶"蛋糕 Fanny 走光爆乳」，http://ent.qq.com/a/20050927/000016.htm。

太平洋女性網－「G奶蔡依林火辣爆乳成癮」，http://www.pclady.com.cn/fitness/stars/0707/171128_1.html。

ENT娛樂－「波霸喬丹不堪巨乳負荷動刀縮胸後性感狂跌」，http://fun.hsw.cn/2007-12/23/content_6735702.htm。

21CN圖集－「韓國巨乳女星蔡恩貞低胸大露X波，超級大！」，http://picture.et.21cn.com/folder/112,1192771,0,20,1.shtml。

瀏覽於2008-7-14。

[46] (i) 同註 (36)，p. 42。(ii) Donald D. Palmer (1998), Structuralism and Poststructuralism for Beginners, London: Writers and Readers, p. 70.

[47] 筆者指這些語句是「爛 gag」，是由於它們將詞彙胡亂拼湊。有關「爛 gag」的源流與坊間用法，參考：彭志銘 (2008)，《香港潮語話齋》，香港：次文化堂，頁85。

[48] 林通賢，〈整容三孃噴血寫真餵電車男〉，《Face》第24期，2007-11-7，頁50至52。

[49] 〈Janice Man 當黑 徐淑敏咪神大晒〉，《蘋果日報》，2008-6-12，C10版。

Angelababy 被評「零波排骨」、「肚仔大過波」。見柏諾，〈長洲酒店過夜 Angelababy 女神真面目〉，《東方新地》第548期，2008-6-10，頁56至58。

[50] 同註 (8)，頁75至76。

[51] 參考：
香港討論區 Uwants.com－「日本名模 Devon Aoki 川木迪芳」，http://www.uwants.com/viewthread.php?tid=6179517&extra=page%3D1%26amp%3Bfilter%3Dtype%26amp%3Btypeid%3D301&page=1。
Shair 論壇－「Janice Man 扮國際名模 Devon Akion？」，http://www.shair.info/thread-347593-1-1.html。
香港討論區 discuss.com.hk－「《明星資料館》美國名模青木迪芳 Devon Aoki」，http://www26.discuss.com.hk/viewthread.php?tid=7371821&extra=page%3D1。

瀏覽於2008-7-25。

[52] 「…平時覺得佢個樣好 cool，但佢都表現到活潑同充滿生氣嘅一面，好專業。」詳文見：

新浪網 Ladies－「Amanda S. 喜拍青木迪芳行騷」，http://ladies.sina.com.hk/cgi-bin/nw/show.cgi/205/4/1/220928/1.html。

「…雖然還是一名配角，但依然搶戲！依然酷！她還滿適合演這些耍酷的角色，這是因為她本身是模特兒一名吧」，「我不夠美，但我夠 cool！」詳文見：

史丹尼狐亂世界－「青木迪芳@D.E.B.S.」，http://hkstanleywu.spaces.live.com/blog/cns!FD32B59F94AB8FBA!969.entry。

瀏覽於2008-7-25。

[53] 傲嬌指強裝刁蠻，但內心羞怯的氣質。參考：維基百科－傲嬌，http://zh.wikipedia.org/wiki/%E5%82%B2%E5%AC%8C。瀏覽於2008-7-14。

[54] 〈12歲出身紅到日本 Angelababy 國產妹大改造〉，《Face》第48期，2008-4-23，頁28至32。

[55] 羅蘭．巴特 (Roland Barthes) 著，許薔薔、許綺玲譯，林志明導讀 (2002)，《神話學》(初版二刷)，台北：桂冠，頁61至62。

[56] 愛假妝 V.S. 騙妝術－「仿濱崎步的陶瓷娃娃妝感，斑點瑕疵變不見！」，http://blog.roodo.com/jasminey/archives/3116103.html。瀏覽於2008-7-25。

[57] Kim Chou 製作 (2008)，《Love Angelababy》，香港：Real Root Limited。

此寫真集被批評為過度使用電腦效果，相片完美得失實。見〈寫真大戰 賈曉晨：我 size 喈喈好〉，《Face》第60期，2008-7-16，頁34。

新媒體

第十四章。

流行電話供應商

之

風格文化

陳偉杰

緒論

手提電話這偉大發明無可否認改變了人們日常生活的溝通模式，但想深一層，若果這偉大的硬件沒有流動電話網絡供應商的軟體支援，它們將會不能改變人類傳統的溝通模式，締造不了這新一代的新消費文化。

根據香港特別行政區政府電訊管理局的統計數字，至2007年8月，香港流動電話2.5G和3G用戶已達到260多萬人。[1] 而且數字顯示，用戶還在不斷增長，當中不時有用戶會由一個網絡供應商轉去其他供應商。網絡商提供的服務大同小異，因為他們要盡量滿足不同人的需要，希望吸納和保留更多客戶，「其他商戶提供的我也有必要提供」。但用戶為何還要「轉台」(轉換供應商)呢？除了價錢外，學生相信公司的核心價值，即是他們到底包含哪一種風格。因為不同的風格，是會吸引不同的客戶。

在這個報告中，作者會先略為分析手提服務商這個無形市場由主動轉為被動的因由。在這形勢的背景下，除了確保合理的價錢外，他們還要在自己的品牌作出特別設計，而且會用不同的方法為自己的公司定立一個獨特風格，以求脫穎而出。因此，其後文章主要會透過他們的電視廣告，從消費文化的角度，分析他們如何塑造自己的風格。

手提網絡消費市場之轉變

電話服務供應商提供的服務可說是人類發展無形消費的其中一個重要工業，其實它原初發展時是在創造一個新市場，一個人們從未使用和想像到的一個市場；服務供應商可說是擔當主導、創造的角

色。後來，電話服務逐漸因應消費者的喜好而設計特定的服務。或者可以這樣說，初時是較為實用，著重網絡供應的穩定和覆蓋率；到現今由於技術的成熟和社會生活的素質提高及改變，消費者不在只滿足於以前的「實用」，他們更需要更多元化的服務去幫助、管理他們的生活，例如投資服務。而且，現在享樂主義盛行，娛樂的元素，例如音樂頻道和手機上網服務，也決不可少。

其實現今的香港社會和以前的已大有不同。近年來金融業蓬勃發展，市民踴躍投資，但由於市民生活節奏急促和流動性強，要隨身隨處作理財管理，就要借助無處不在的手提網絡了。這個簡單的現象，令我們看到市場方向是會受到現實環境所影響，由單調、從上而下，轉成多元化、消費者導向。

塑造自我獨特形象

劉維公在《風格社會》指出，「風格的作用力量並不只是發生在個人身上，風格也已經成為地方競爭力的優勢所在」，「具有風格的地方將會發揮美學的魅力，展現出來其獨特的形象吸引力」。[2]　前者道出競爭激烈的市場中，有獨特的形象才可突圍而出；後者則意味每一個獨特的品牌形象，是對準不同生活風格的消費群。所以，不只是各國城市，提供相似服務的各個供應商，也會應用到「風格」這個策略。

社群認同

手提網絡商會針對不同的風格消費群，提供作美感和感性消費的體驗。不同的用戶亦因應自己的喜好，對號入座。用戶走進不同的風格消費群，就像走進不同的社群，而這些用戶也有相近的體驗取向，因而對這個社群產生認同基礎。例如一個喜歡新潮和娛樂的年輕人，可能會給新奇和富娛樂性的「One2Free」所吸引；而喜歡實用和穩重服務的成熟人士就會為平實的「Smartone」而著迷。由於市場上有多個的服務商，用戶就會在它們之間不停轉換，直到找到適合自己風格或社群的服務商才會穩定下來。

社會地位與模仿

為何消費者要特意尋找一套屬於自己的風格？除了是因為滿足自己的喜好外，還是因為風格能為他們帶來社會地位。只有擁有自己生活風格的人才

會感到自己特別，而感受到自己特別才會肯定自己的存在以至社會地位以至於與別不同的權力，就好像青春才「潮」得起，商人需要特設的投資理財工具。網絡商就是透過建立自己獨特的風格文化，提供無形的平台去聚集這些客戶。

當聚集了這些目標客戶後，他們就會影響周邊相識的人，而通常人是有模仿別人的意向，也就説受影響的人很大機會會參與那些消費群，過程不繼重複，直到這個市場出現飽和才會慢下來，這將會是重要的市場策略，因為過程中用戶是會以倍數增長，這就是著名的「模仿論」。[3]

故此，從公司的硬件設計到軟體服務的推廣，網絡商挖空心思去塑造自己的形象。

塑造技巧——電視廣告

廣告對於推銷公司的產品和服務扮演著非常重要的角色，尤其是電視廣告，因其滲透率是非常高，而且還可以選擇時段播出，特別針對某一派消費顧客。不過，電視廣告亦有深一層的意義，透過生動的影像和聲音暗地裡在觀看者心裡植入公司的形象。或者我們可以透過有較大對比風格的兩間網絡商作出去分析。

One2Free 就是其中一間運用這種優勢的公司。它的廣告是充滿驚喜和引人入勝，帶出公司新奇、享樂味較重的風格。One2Free 在電視曾經拍過三則獨立的廣告。第一則廣告是講述有位外賣員來到「按」門鐘，戶主從防盜眼看見陳奕迅，於是興奮開門，但卻見到醜陋的外賣員大感驚訝。第二則是金庸名著《神雕俠侶》中楊過替小龍女療傷的情節，但當少男發功「按」在女子雪白的玉背時，她卻很陶醉地唱出陳奕迅主唱的《夕陽無限好》。最後一則是講述時興的腳底按摩情節，當一位按摩員「按」著顧客足踝時，他就迅速起身唱歌，其他按摩員也不禁重施其技。

這三則廣告十分搞鬼有趣，用的是容貌搞笑的外賣員、玉帛相見的情節和展現趣怪表情的按摩員，初看時觀眾想必摸不著頭緒，只是被吸引著，要到廣告結尾時出現「One2Free 音樂頻道」的字樣才會知道其推銷點，這有助其帶出自己輕鬆、不死板的形象。另外，由於字樣都是觀眾在數次懸疑的情況下重複看到，潛移默化之下就使人牢牢記著「享受音樂 ＝ One2Free」。加上每則廣告中都出現「按」的動作，隨動作之後而來的就

是「音樂」，令人不自覺地想到「按 = 聽音樂」。其實聽音樂就是一種享受，不是一種必需品，它使觀看者感到 One2Free 是一個享樂勝地，這兩個伏筆就塑造出她是有著重享樂主意的風格，這點又確實捕捉到現今新一代著重享樂主義的心理。

每則廣告後出現的口號就是「你 free 得起！」，完全充滿挑逗意味。「Free」這個正面形容詞是普遍人追求的目標，尤其年青人，促使消費者想要「自由」時就可能聯想到這廣告。而且聽音樂是一種享受，「享受」又與「自由」有密切的關係，因為有自由才可談享受。One2Free 象徵「自由」，當人們要自由地聽音樂時就會想到它。廣告中，產生共鳴者通常是年青人，他們是比較貼近潮流，廣告中播出來的流行曲是青年人才較熟悉，還有當中用到的情節都是青少年喜歡做的事情：叫外賣、「煲劇」和享受按摩，這使青年人較容易代入角色中，它走的風格路線是青春有活力。

Smartone 為自己建立的風格，與 One2Free 截然不同。其廣告中有四個主題，分別是兩個小朋友勇敢地攜手跳水、青年球迷為球賽勝利喝彩、事業男士欣然升職，以及妙齡的高跟鞋少女們一起走路。每一個片段完結後，Smartone 的商標都會浮現，並且分別打出「你我」、「我們贏了」、「走向前」和「同步」的字樣，令觀眾心裡自動產生 「Smartone 與你攜手」、「和你精彩」、「助你事業成功」和「同步向前不愁孤獨」的訊息，在此廣告中把意象的觸發和觀眾的共鳴一體化。Smartone 在觀眾人生的不同體驗中出現，實質上是其刻意營造的效果。從中，Smartone 希望複製「家庭文化」，在顧客心中留下如家人一樣成熟、穩重和可靠的形象。就此，Smartone 也在其廣告中大玩符號。[4] 以攜手跳水的廣告為例，手拖手的影象，直接義 (denotation) 是「緊握雙手」。那麼兩人緊握的雙手，引申義 (connotation) 就是「Smartone 與你攜手」；再進一步帶出的「Smartone 與你常在，並協助你戰勝任何挑戰」的訊息。透過這個分析，我們可以清楚地看到它表達的形象是「有用」和「可靠」。

總結

總括而言，手提網絡商是一種新的無形重要工業，它是非常重視市場的需求而推出服務。但由於市場的飽和，他們是不會盲目跟隨市場的轉變，網

絡商是會塑造自己的獨有風格，務求吸引消費者。而最有效的方法就是透過無孔不入的電視廣告去刺激消費者的慾望，當中的手段會考慮到目標消費者的認同和心理傾向、文化複製及符號學的應用。消費者亦會根據這些風格去選擇，因為這些獨特的平台使他們感受到自己的特別、自己的社會地位和權力，覺得自己是有生活品味的。然而這種「服務風格化」是先要消費者有自我的風格，服務商才「有風可隨，有格可塑」，這是自然而互動的。

註釋

[1]　香港特別行政區政府電訊管理局－「主要的電訊業統計數字」，http://www.ofta.gov.hk/zh/datastat/key_stat.html。瀏覽於2007-12-1.

[2]　劉維公 (2006)，《風格社會》。台北：天下，頁25。

[3]　Imitation - Wikipedia, http://en.wikipedia.org/wiki/Imitation. Accessed on 2007-12-1.

[4]　星野克美等著，黃恆正譯，陳正益編 (1991)，《符號社會的消費》，台北：遠流，頁27。

第十五章。

符號消費

比較

Smartone

和

One2Free

的廣告策略

和其文化

周聖峰

符號消費──比較Smartone和One2Free的廣告策略和其文化

緒言

隨著科技和經濟的發展，「消費」兩字不再單單指財產的轉移，掏出錢包的瞬間，而是一種體驗文化的過程。商品也只不是單純地滿足人們基本需要與慾望，[1] 而更重要是透過不同的媒介(如符號、影像) 或文化中介人，去滿足消費者的視覺，聽覺和觸覺，挑逗他們潛藏於內心的消費慾望，而符號消費，就是因為這樣衍生出來。

根據消費者委員會最新的投訴統計，投訴中有近百分之五十是投訴服務行業，而當中更超過百分之五十是有關電訊服務的。[2] 這反映著人們對有形商品外的無形配套亦十分重視，有時更甚於有形商品本身。

故此，筆者挑選了兩間香港手提電話網路供應商作出研究，他們分別是 Smartone 和 One2Free。挑選這兩間公司的理由是因為他們在宣傳手法上走的路線和風格有著很大的對比，容易作出比較，亦讓我們較容易看到他們如何迎合特定的消費者。

廣告所下的魔咒──符號的力量

引用 Pasi Falk 的一句話：「廣告是為消費者度身而做」(意譯)。[3] 我們不得不承認，現代的廣告人的創作天份的確十分高。試想想，手提電話網路供應服務相對是一種比較空泛的消費，它不能被觸摸，可是經過廣告的符號化後，便化身成有意義，具體和清晰的消費訊息，可見廣告作用之大。而比較 Smartone 和 One2Free 的廣告後，我們不難發現符號的力量。

Smartone 廣告——體現意義的多重性

我們先分析 Smartone「攜手跳水」的廣告。片段中，我們首先看到兩個人手拖手的影像，然後攜手跳水。這個簡單的影像，若利用符號學去分析，其實包含著頗深層的意思：

(Sr = signifier 能指；Sd = signified 所指)

第二層 *引申義*	Smartone 與你攜手跳水 **Sr**		Smartone 與你常在，幫助 你戰勝任何挑戰，困難 **Sd**
第一層 *引申義* *(connotation)*	「你」「我」 手挽著手 **Sr**	Smartone 與你攜手 **Sd**	
直接義 *(denotation)*	手挽手 的影像 **Sr**	緊握著的 兩隻手 **Sd**	

在這裡，「我」當然是指 Smartone，而「你」則是指用 Smartone 的消費者。經過符號學的分析後，我們知道這個影像強調的不是單純「手挽手的影像」，而是想將「Smartone 與你常在，幫助你戰勝任何挑戰，困難」的消費訊息散佈開去。

當然，一個廣告的作用除了將符號消費的訊息擴散開去，它亦影響著我們的生活風格。筆者同意劉維公在《風格社會》一書所言，消費反映品味與風格。[4] 筆者認為廣告的影像除了反映了個人的品味和生活風格外，更重要的是反映出社會階層的高低。另一個以穿女跟鞋女子跑步為題的廣告，正是表達這訊息：

第二層 *引申義*	穿著高跟鞋「高人一等」 的女性們同步走向前 **Sr**		Smartone 會將最新的服務提供給您， 提昇您的生活素質，讓您高人一等 **Sd**
第一層 *引申義* *(connotation)*	穿著高跟鞋 的女性 **Sr**	容易 高人一等 **Sd**	
直接義 *(denotation)*	高跟鞋 的影像 **Sr**	高跟鞋 **Sd**	

這個廣告除了上述的暗示外，我們亦看到片中女性的打扮很有個人風格，而她們是來自不同的國籍 (白人，黑人和黃種人)。這反映 Smartone

可以提供一個平台，讓不同的成熟人士 (特別是經常走訪環球的商業人士) 可以利用 Smartone 的服務來同步走向前，高人一等。這看到他們針對的是成熟，有品味的人士，而不是重娛樂的年青一代。試想想，有多少年輕人可以經常走訪環球，使用 Smartone 覆蓋全球的 Vodafone business email 或 Traveller 等等的服務。所以，筆者認為這個廣告在播放時已經有排他性，是較著重高消費階層，忽略消費能力較低的年輕階層。

One2Free 廣告──取材、橋段和手法的重要性

初看 One2Free 廣告的人，應該可以看到廣告是針對的是消費能力較低的年輕一代。而整段廣告也不深奧，因為比較少用類似 Smartone 廣告中的符號，可是筆者認為這個廣告在年輕一代中仍有一定的吸引力。

其中一則廣告取材自經常被拍成電視劇集的《神鵰俠侶》。筆者認為它在吸引年青人消費 (用 / 轉用 One2Free) 方面有三個很成功之處。第一是取材。楊過和小龍女相戀的故事由於透過多次電視的播放或重播，就像陪伴著時下年輕一代一起長大，這個故事自然不難吸引年輕人的注意。第二是橋段。神鵰俠侶中的橋段多如繁星，為何要選擇楊過和小龍女練玉女心經這幕橋段呢？筆者認為這是因為 One2Free 對準了年輕人血氣方剛的心態 (特別是男性) 和對性之好奇心，這類廣告正正好像挑戰著他們內心的道德枷鎖，故能將他們的視覺吸引過來。第三是手法。整個廣告簡單易明，略帶幽默感，而且「小龍女」所唱的「夕陽無限好」亦是當時在年輕一代中十分流行的歌曲。當一句「夕陽無限好」被唱出來，年青人的耳朵 (聽覺) 自然被歌曲俘虜了。而整個廣告的搞笑手法和出乎意料之外亦滿足年輕一代的「冷笑話」文化和「求變，不墨守成規」的性格。

值得一提的是，男主角在片中一「按」的動作，這個動作亦蘊藏著 human touch 的意思，意指 One2Free 願意透過手提電話作中介人和年輕一代接觸：

第二層 引申義	One2Free 觸摸 (touch) 著不同的年輕人 **Sr**		One2Free 願意透過手提電話作 中介人和年輕人接觸，交流 **Sd**
第一層 引申義 *(connotation)*	楊過按 小龍女的背部 **Sr**	One2Free 表現 出 human touch **Sd**	
直接義 *(denotation)*	「按」的 影像 **Sr**	手指呈「按」 的動作 **Sd**	

另外，「按」的動作亦呼應One2Free的口號中「一按玩盡」中的「按」，是指年輕人透過手提電話和它們提供的服務就可以「玩盡」他們想得到的東西。

結語：廣告引申的文化意義

我們分別看完 Smartone 和 One2Free 的廣告，應該發現到 Smartone 的廣告比較抽象，多運用符號學去迎合成熟，專業人士。相反，One2Free 的廣告則較直接簡單，利用時下年青人的心理，思想去迎合他們。那麼也許有人會問，為什麼他們要採取不同的手法呢？要回答這個問題，我們先要分析 Smartone 和 One2Free 隸屬於什麼文化之下。

Andrew Wernick 在 *Promotional Culture* 一書指出，廣告是一套意識形態，而意識形態是跟指符號 (symbols)，規範 (norms) 等等有關。他提出了一個模型來解釋一個廣告跟符號的關係。[5] 筆者將之簡化如下：

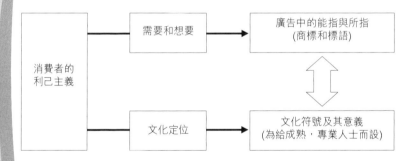

相對於 One2Free，筆者認為 Smartone 的廣告比較接近 promotional culture，因為其廣告運用了大量而不同的符號。例如我們可看到 Smartone 的廣告在最後出現的商標和標語 (see you there)，它們的出現滿足了「想要和需要」，Smartone 服務的是消費者的利己主義。而另一方面，在經過一段時間後，Smartone 的商標亦會在消費者心中浮現出一定的文化意義 (符號)——「一個專為給成熟，專業人士而設的、可靠的手提電話網路供應商」。這時Smartone 了解到新的文化意義要為品牌重新定位，由單純賣服務變成賣一種體驗。

體驗消費的核心是消費與生產的合一，以消費者作為價值創造的主體，在消費過程中產生歡愉、難忘、「酷」、「爽」等等體驗予消費者以滿足他們越來越個性化的要求。生產商會迎合消費者的品味，塑造和實踐出他們的

生活風格。故此，Smartone 在設計一些新服務時，除了實用之外，也想滿足消費者體驗的要求。例如 Smartone 提供的 business email 功能，既能滿足經常公幹的專業人士的需要，又能讓他們體現到自己與眾不同，可享受支援全球，個人化，高人一等且貼身的服務。所以，我們可以看到 Andrew Wernick 的模型中消費與生產的關係是互相影響而不是獨立的。

相反，One2Free 的廣告較少用符號，而著重捕捉青少年心理。這比較像一套 youth culture。One2Free 在廣告中透過幽默的手法來強調其下載流行音樂的服務全面而且方便，這正針對年輕人對時下流行音樂的態度，因為年輕人都想在手提電話中有一個只包含自己喜愛的樂派的音樂，追求自己個人獨特的個性。故此，One2Free 的廣告給予青少年足夠的空間及尺度去「按」出自己想要的東西。

透過這次比較 Smartone 和 One2Free 兩間公司在廣告宣傳的手法，令筆者更加明白到符號學在符號消費的重要性。它令到特定的消費者和廣告中的符號有所共鳴，從而吸引消費者進行消費。另一方面，筆者亦了解到公司的宣傳風格與消費群的階級分佈，是有著密切的關係。

註釋

[1] Don Slater (1997), *Consumer Culture and Modernity*, Oxford, UK: Polity Press, pp.1-9.

[2] 香港消費者委員會－「最新投訴統計」，http://www2.consumer.org.hk/news/complaintstatistics/monthlyupdate.pdf。瀏覽於2007-12-2。

[3] Pasi Falk (2003)," The Genealogy of Advertising," in David Clarke et. al. (eds.). *The Consumption Reader*, New York: Routledge: p.185.

[4] 劉維公 (2006)，《風格社會》，台北：天下，見第六章，頁159至179。

[5] Andrew Wernick (1991), *Promotional Culture: Advertising, Ideology and Symbolic Expression*, London: Sage Publications, pp. 31-3.

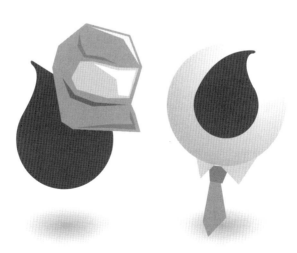

第十六章。

遊戲機中心的市場與玩家的心態分析

陳芷薇

前言

近十多年來，由於政府的規管及其他的外在因素影響，遊戲機中心的數目逐漸減少。為了增加其市場佔有率，香港的遊戲機中心各出奇謀，以其特色保留舊有客戶及吸納新客戶。本文透過分析三個檔次的遊戲機中心，勾勒現今街機玩家的分佈。 另外，透過分析遊戲制式的變化，可探討遊戲玩家對遊戲的要求及「打街機」的心態。

遊戲機檔次及顧客分類

就筆者實地考察，根據機種種類、每局價錢、環境外觀及內觀，可將不同遊戲機中心分類為三大檔次：高檔次、中檔次及低檔次。不同檔次的遊戲中心吸納不同階層的街機玩家，並將不同階層的玩家作出分類。

遊戲機中心	特點	例子	主要顧客類型
高檔次	機種：較多元化 平均每局價錢：較高（即大型台機，如 G1 Winning Sire） 地理位置：近商業中心，人流較旺地區 外觀及內觀：較寬敞、光鮮、整潔、禁煙	- 銅鑼灣世貿中心 Wonder Park Plus - 九龍灣德福廣場二期 Virtual Zone - 旺角創興廣場 Mk-88 - 旺角新之城 Game Zone	青少年 情侶 上班一族
中檔次	機種：較多元化 平均每局價錢：中等（較少大型台機) 地理位置：人流較旺地區 外觀及內觀：光鮮、整潔、禁煙	- 鑽石山荷里活廣場 Game Zone - 荃灣新城市中心金禾	青少年 情侶 上班一族 中年人士
低檔次	機種：較單一化 平均每局價錢：較低（如輕觸式屏幕遊戲) 地理位置：住宅區 外觀及內觀：非禁煙、較殘舊	- 屯門新墟威水遊戲機中心	中年人士

三個檔次的遊戲機中心均有其主要的硬派支持者,高檔次的主要是上班一族、青少年、情侶;中檔次的主要是情侶、青少年及中年人士;而低檔次的主要是中年人士。

高檔次的遊戲機中心的地理位置處於商業中心附近或人流極高的地區如旺角、銅鑼灣,故此,它們吸引不少剛剛放午飯及下班的上班一族到遊戲機中心抒緩其工作壓力。 另外高檔次的遊戲機中心如銅鑼灣世貿 Wonder Park Plus 增設貼紙相機及夾公仔機,而且場內放置不少日本模型的展覽,故此亦吸引不少情侶、青少年流連及約會。

而中檔次的遊戲機中心的地理位置,例如鑽石山荷里活廣場 Game Zone、荃灣新城市廣場金禾,是處於並非人流極高的地區。正正因為它們並非置於旺區,遊戲機中心經營費用也相對地較少,每一局的遊戲亦都可以以較便宜的價錢作招徠, 吸引大部份的經濟能力較低的青少年到這些遊戲機中心操練其「打機」技術。此外,因為中檔次的遊戲機中心設有大型的跑馬育成遊戲,例如 G1 Horsing SIR,故亦都吸引不少中年人士進場。

低檔次的遊戲機中心的主要對象是中年人士,通常也集中於住宅區,故吸引不少剛下班或吃完飯的中年人士在裡頭消磨時間。此外,由於低檔次的規限也比較寬鬆,所以,中年人士也可以在機舖內吸煙或暗地裡進行賭博活動。

玩家的生活風格

劉維公在《風格社會》指出:「風格是群聚的力量,是現代人生活群聚的形塑力量,是現代人建立親密關係與集體歸屬感重要基礎…風格是巨大吸力的磁鐵,促使相同品味的人會經常出現在特定的地點,參加特定的活動,關注特定的事件, 以及共享特定的價值」。[1] 這可以解釋,不同檔次的遊戲機中心已將不同背景的社會人士,但擁有相近的生活風格的人聚集在一起。

到遊戲機中心的人士其實均擁有相近的生活風格。在筆者的訪問當中,受訪者們都追求「有趣」、「精彩」、「刺激」、「快樂」的生活。Roger Caillois 説,遊戲有四個範疇:(1)「競爭」(the role of competition)、(2)「機遇」(chance)、(3)「虛擬」(simulation) 及 (4)「眩暈」(vertigo)。[2] 從遊戲機種來看,那些賽車及音樂遊戲均展示出街機涉及 (3) 與 (4) 的範疇。

而另一方面, 從遊戲機迷互相挑戰對手 (俗稱「挑機」)的風氣來看，包含着 (1) 的範疇。由此可見，街機玩家透過街機的 (1)、(3) 及 (4) 來追求及展現其生活風格。

而街機所涉及的範疇是由 (3) 至 (4) 擴大至包括 (1) 的範疇，這可由機種的遊戲制式看出來：九十年代的遊戲，如格鬥遊戲《拳王》(King of Fighters) 系列及射擊遊戲《雷電》系列，主要著重遊戲的畫面質素及真實感，增強對機迷的投入感及官能刺激。其後，近這五年的遊戲，如賽車遊戲《灣岸》系列及機械人對戰遊戲《機動戰士高達》系列，除了在畫面加上大量高科技元素，令到玩家的官感有更強的刺激和體驗外，遊戲商也增設 multiplayer 的遊戲制式，供多名玩家同時對戰及聯合作戰的功能。這種 multiplayer 的遊戲制式大大提高了街機的可玩性及趣味性，促使遊戲機迷不再留守在家中打機，而到遊戲機中心與其他街機玩家對戰或聯合對戰。由此可見，近年新推出的遊戲機種也偏向供多人對戰的遊戲制式，如《灣岸3：Midnight Maximum Tune》及《Gundam Seed Destiny：連合 VS Z.A.F.T. II》，以滿足玩家的渴求。

遊戲的機種的變化也可反映玩家對遊戲及其生活風格的改變。早期的街機玩家只追求原始的官能刺激，希望藉着遊戲得到日常生活得不到的快感，企圖逃離現實。直至近這五年，玩家追求多人同時對戰及聯戰的模式，他們希望藉着遊戲的對戰比賽中，得到遊戲畫面以外的刺激。所以，縱使街機遊戲可以供玩家一個人進行遊戲，他們仍渴望與別人對戰，追求勝出比賽的快感和刺激。在很多的情況下，家用機版的受歡迎程度遠遠不及街機版，以《頭文字D》作例，[3] 家用機版是為了配合街機版才推出市面，故此推出時間往往也比街機版的推出時間為遲。 由此可見，玩家認為互動性比遊戲畫面帶來更大的的刺激。

Roger Caillois 認為，競爭對手 (competitors) 與旁觀者 (spectators) 影響到玩遊戲的滿足感。[4] 這可以解釋為何遊戲機的對戰比賽模式在近年大行其道，玩家除了投入遊戲當中，也享受與對手比拼的氣氛，因為當玩家投入玩遊戲時，其緊張、高昂的情緒會感染身邊的玩家。在互相影響的情況底下，產生了化學作用，令所有在場人士的情緒推至最高，產生一種集體的感染力，營造令人亢奮、情緒激昂的氣氛。再者，當一群「打機」高手聚集在

陳芷薇

一起，在切磋技術的時候，會刺激及挑釁身邊的參與者爆發內在的能力，催化參與者更投入及樂在比賽的過程。

不少遊戲機雜誌及遊戲機中心看準玩家對「對戰」的刺激追求，故舉辦賽車比賽作招徠，例如 Game Zone 在去年舉辦的「灣岸2最速傳說比賽」。[5] 這些比賽吸引來自不同階層且技術高超的街機玩家互相較量，交流心得。另外，住在不同區域的遊戲機迷也會自發性地組織車隊，例如 FCXII車隊，[6] 這些遊戲機中心成為不同階層的打機發燒友聚集的平台。

近年來，遊戲玩家對「對戰」的要求越來越高，故不少遊戲商也看準玩家的渴求，故增設誇「時空」、「地域」對戰功能。《灣岸3：Midnight Maximum Tune》增設 Ghost Mode，[7] 每一個玩家也可將自己的跑車的紀錄儲存下來，令下一手玩家可隨時挑戰上一手玩家。這打破了玩家只可與身旁的玩家對戰的規限，從而增強整群玩家的連繫性。除此之外，《Winning Eleven》亦都增設線上對戰的功能，令身處遊戲機中心的玩家也可與世界各地的玩家對戰。這可以說是街機的一個新里程碑。

總結：街機未來的轉變

《Game Next》報導：「在過去的15年，遊戲機中心的數目一直持續下降，在1989年達到845的高峰，截至2005年12月底，全港共有386間遊戲機中心，下降幅度超過6成以上」。[8] 街機業的發展式微，除了因為政府立法規管遊戲機中心外，可歸因於網吧的發展越來越蓬勃。網吧令「打機」的模式進入次世代互聯網上，擴闊「打機」對戰的基層，滿足玩家喜歡挑戰別人的心態。網上對戰進一步證明現時玩家對「玩家的互動性」有強烈的要求，不再追求獨個兒沉醉在遊戲中的虛構世界。所以，本人相信街機將會針對現在玩家的渴求及需要，持續增加遊戲的互動性。在未來數年，將會越來越多街機的遊戲有線上對戰或挑機的模式，及保留體感遊戲，從而希望可以保留舊有客路及重新吸納流失了的客路。

註釋

[1] 劉維公 (2006)，《風格社會》，台北：天下，頁26。

[2] Roger Caillois, translated from the French by Meyer Barash (2001), *Man, Play and Games* (reprinted). Urbana & Chicago: University of Illinois Press, p. 12.

[3] Initial D - Wikipedia, , http://en.wikipedia.org/wiki/Initial_D. Accessed on 2008-5-20.

[4] 同註 (2)。

[5] GAMEZONE 杯 大會官方網站－「最速傳說討論區」，http://www.racegame.org/gzcup/forum.html。瀏覽於2008-5-20。

[6] Fightclub－「FXCII 隊員名單」，http://arcade.fightclub.com.pk/forums/showthread.php?t=59698。瀏覽於2008-8-23。

[7] 灣岸的GHOST MODE介紹，參考香港討論區 discuss.com.hk：http://www10.discuss.com.hk/viewthread.php?tid=5440386&extra=page%3D16。瀏覽於2008-5-20。

[8] 〈自由空間〉，《Game Next》第307期，2007-8-12，頁44。

作者簡介

陳政成

英國布里斯托大學社會政策學士，英國蘭卡斯特大學當代社會學碩士，香港科技大學人文社會科學學院哲學博士，香港學術及職業資歷評審局學科專家。

曾在大學教通識課程，研究旨趣涉獵文化與消費，全球化等相關議題。

姚偉雄

香港中文大學社會學系哲學碩士。遠至上古洪荒之神話、近至最新熱賣動漫遊戲，實在至掌握於股掌的玩具精品、抽象至思維深處之符號與結構，皆屬研究範疇。近著包括《玩具大不同》(與呂大樂合著)，文章散見於各雜誌及漫畫。自設個人網誌《MOBILE ARMOR》。現為香港中文大學日本研究學系導師。